烘焙快乐厨房

# 人气饼干在家做

黎国雄 ◎主编

黑龙江科学技术出版社
HEILONGJIANG SCIENCE AND TECHNOLOGY PRESS

# 图书在版编目（ＣＩＰ）数据

人气饼干在家做 / 黎国雄主编. -- 哈尔滨：黑龙
江科学技术出版社，2018.1
（烘焙快乐厨房）
ISBN 978-7-5388-9407-3

Ⅰ．①人… Ⅱ．①黎… Ⅲ．①饼干—制作 Ⅳ.
①TS213.2

中国版本图书馆CIP数据核字(2017)第273190号

## 人 气 饼 干 在 家 做
### RENQI BINGGAN ZAIJIA ZUO

主　　编　黎国雄
责任编辑　马远洋
摄影摄像　深圳市金版文化发展股份有限公司
策划编辑　深圳市金版文化发展股份有限公司
封面设计　深圳市金版文化发展股份有限公司
出　　版　黑龙江科学技术出版社
　　　　　地址：哈尔滨市南岗区公安街70-2号　邮编：150007
　　　　　电话：（0451）53642106　传真：（0451）53642143
　　　　　网址：www.lkcbs.cn
发　　行　全国新华书店
印　　刷　深圳市雅佳图印刷有限公司
开　　本　685 mm×920 mm　1/16
印　　张　13
字　　数　120千字
版　　次　2018年1月第1版
印　　次　2018年1月第1次印刷
书　　号　ISBN 978-7-5388-9407-3
定　　价　39.80元

# preface
# 前言

　　随着生活质量的提高，越来越多的人加入了烘焙的大军，蛋糕、面包、派、挞、布丁等五花八门的甜点让人眼花缭乱。与这些相比，饼干也许是最容易上手也最容易带给烘焙入门者成就感的甜点了。

　　大多数饼干制作起来都非常容易，有时候甚至只需要面粉、黄油和糖等几种简单的配料就可以让你轻而易举地从烤箱中端出香气扑鼻的饼干。所以，很多烘焙爱好者都热衷于制作饼干，不为别的，只为那简单的配料在自己手中转换成浓郁而丰富的口感。从搅拌到烘烤再到饼干出炉，制作过程虽然简单随心，但是亲手烘焙的喜悦与满足感却无可替代。

　　这本书里有最流行的饼干制作方法，它们大多数都简单好学，即使是烘焙新手也可以做出百分之百成功的饼干。此外，还加入了几款难度稍高的饼干，适合喜欢挑战的人去尝试。制作过程中，你能想到的和你想不到的一些问题，在书中都做了非常详细的说明，帮你解决饼干烘焙道路上的每一个难点。

　　饼干容易保存且又便于携带，是非常适合做礼物或者招待客人的甜点。但是，直接将出炉的饼干端上桌，无论是款待客人还是馈赠亲友，似乎都略显单薄。因此，我们还会在这本书中为大家介绍一些为饼干"化

妆"的小技巧。或装饰外表，或添加风味粉，或将不同的面团组合在一起，只要多点心思，多点创意，就可以制作出色香味俱全的精致饼干。

虽然简单，却也能千变万化。在制作饼干的过程中你会觉得自己是个雕刻家，在简单的材料里精心雕刻出无穷的美味与创意。

# Contents
# 目录

## Part 1  手作饼干基础入门

## Part 2  简单易上手的切割饼干

# Part 3 轻松造型的压模饼干

# Part 4 随心所欲的挤花饼干

# Part 5 任你"揉圆搓扁"的手工塑型饼干

# Part 6　充满想象的创意造型饼干

# Part 7　轻薄香脆的薄片饼干

# Part 1

# 手作饼干
# 基础入门

想自己动手制作饼干却不知从何下手？别再烦恼了！只要认真阅读本章内容，你就会发现，制作饼干原来如此简单！

# 饼干制作常用工具

## 01 ▶ 烤箱

烤箱在家庭中使用时一般都是用来烤制一些饼干、点心和面包等食物。它是一种密封的电器，同时也具备烘干的作用。

## 02 ▶ 电子秤

准确控制材料的量是烘焙成功的第一步，电子秤是非常重要的工具，它适合在西点制作中用于称量需要准确分量的材料。

## 03 ▶ 量杯

量杯的杯壁上一般都有容量标示，可以用来量取液体材料，如水、奶等。但要注意读数时的刻度，量取时还要恰当地选择适合的量程。

## 04 ▶ 量勺

量勺通常是塑料或者不锈钢材质的，是圆形或椭圆状、带有小柄的一种浅勺，主要用来盛液体或细碎的物体。

## 05 ▶ 电动搅拌器

电动搅拌器包含一个电机身，配有打蛋头和搅面棒两种搅拌头。电动搅拌器可以使搅拌工作更加快速，使材料搅拌得更加均匀。

## 06 ▶ 蛋清分离器

蛋清分离器有不锈钢材质和塑料材质两种，是一种专门用来分离蛋清和蛋黄的器具。

## 07 ▶ 长柄刮刀

长柄刮刀是一种软质、如刀状的工具，是西点制作中不可缺少的利器。它的作用是将各种材料拌匀，同时它可以将紧紧贴在碗壁的蛋糕糊刮得干干净净。

## 08 ▶ 刮板

刮板通常为塑料材质，用于揉面时铲面板上的面或压拌材料，也可以用来把整好形的小面团移到烤盘上去，还可以用于鲜奶油的装饰整形。

## 09 ▶ 玻璃碗

玻璃碗是指玻璃材质的碗，主要用来打发鸡蛋或搅拌面粉、糖、油和水等。制作西点时，至少要准备两个以上玻璃碗。

## 10 ▶ 筛子

筛子一般都用不锈钢制成，是用来过滤面粉的烘焙工具。底部呈漏网状，用于过滤面粉中含有的其他杂质。

## 11 ▶ 擀面杖

擀面杖是一种用来压制面条、面皮的工具，多为木制。一般长而大的擀面杖用来擀面条，短而小的擀面杖用来擀饺子皮，而在烘焙中协助用作点心的制作。

## 12 ▶ 裱花袋、裱花嘴

裱花袋是呈三角形状的塑料袋，裱花嘴用于定型奶油形状的圆锥形工具。一般是裱花嘴与裱花袋配套使用，把奶油挤出花纹定型在蛋糕上。

## 13 ▶ 油刷

油刷长约20厘米，一般以硅胶为材质，质地柔软有弹性，且不易掉毛，在烘焙中用于在模具表面均匀抹油，也能在面包上涂抹酱料。

## 14 ▶ 保鲜膜

保鲜膜是人们用来保鲜食物的一种塑料包装制品，在烘焙中常常用于蛋糕放在冰箱保鲜，阻隔面团与空气接触等步骤。

## 15 ▶ 烘焙纸

烘焙纸用于烘烤食物时垫在烤箱底部，防止食物粘在模具上面导致清洗困难，还可以保证食品的干净卫生。

## 16 ▶ 手动搅拌器

手动搅拌器是制作西点时必不可少的烘焙工具之一，可以用于打发蛋白、黄油等，但使用时费时费力，适合用于材料混合搅拌等不费力气的步骤中。

## 17 ▶ 不粘油布

不粘油布的表面光滑，不易黏附物质，并且耐高温，可以反复使用，烘焙饼干、面包时垫于烤盘面上，防止材料粘底。

## 18 ▶ 饼干模

在擀好饼干面团后，用造型模具盖出各种模样再进行烘焙，既可爱又漂亮。

## 19 ▶ 锡纸

锡纸多为银白色，实际上是铝箔纸。当食品需要烘烤时用锡纸包裹可防止烤焦，还能防止水分流失，保留食物的鲜味。

# 饼干制作基本材料

## 01 ▶ 低筋面粉

低筋面粉的蛋白质含量在 8.5% 左右，色泽偏白，颗粒较细，容易结块，适合制作蛋糕、饼干等。

## 02 ▶ 苏打粉

苏打粉又称食物粉，在做面食、馒头，以及烘焙食物时经常会用到。

## 03 ▶ 泡打粉

泡打粉作为膨松剂，一般都是由碱性材料配合其他酸性材料制成，可用来产生气泡，使成品有膨松的口感，常用来制作西式点心。

## 04 ▶ 奶粉

在制作西点时，使用的奶粉通常都是无脂无糖奶粉。在制作蛋糕、面包、饼干时加入一些奶粉可以增加风味。

## 05 ▶ 酵母

酵母是一种活的真菌，能够把糖发酵成酒精和二氧化碳，属于一种比较天然的发酵剂，能够使做出来的烘焙成品口感松软、味道纯正。

## 06 ▶ 糖粉

糖粉一般都是洁白的粉末状，颗粒极其细小，含有微量玉米粉，直接过滤以后的糖粉可以用来制作西式的点心和蛋糕。

## 07 ▶ 红糖

红糖又称为黑糖，有浓郁的焦香味。因为红糖容易结块，所以使用前要先过筛或者用水溶化。

## 08 ▶ 细砂糖

细砂糖是经过提取和加工以后结晶颗粒较小的糖，可以用来增加食物的甜味，还有助于保持材料的湿度、香气。

## 09 ▶ 黄油

黄油又叫乳脂、白脱油，是将牛奶中的稀奶油和脱脂乳分离后，使稀奶油成熟并经搅拌而成的。黄油一般应置于冰箱存放。

## 10 ▶ 片状酥油

片状酥油是一种浓缩的淡味奶酪，由水乳制成，色泽微黄，在制作时要先刨成丝，经高温烘烤就会化开。

## 11 ▶ 牛奶

营养学家认为，在人类饮食中，牛奶是营养成分最高的
饮品之一。用牛奶代替水来和面，可以使面团更加松
软、更具香味。

## 12 ▶ 酸奶

酸奶是以新鲜的牛奶作为原料，经过有益菌发酵而成
的，是一种很好的天然面包添加剂。

## 13 ▶ 淡奶油

淡奶油又叫动物淡奶油，是由牛奶提炼出来的，白色如
牛奶状，但是比牛奶更为浓稠。淡奶油在打发前需要放
在冰箱冷藏 8 小时以上。

## 14 ▶ 植物油

制作西点时用的植物油一定要是无色无味的，最好是用
玉米油，不要使用花生油这类有浓郁味道的油。

# 饼干制作基础技能

## 鸡蛋分离

　　在烘焙中，我们经常发现配方材料中常常有"蛋白"和"蛋黄"这样单独的材料。单用蛋白是因为它的凝具力强，而蛋黄凝具力差，且含有的胆固醇高，一般较少使用。要注意的是，蛋白中不能混入一丝蛋黄，而蛋黄中可以带些许蛋白。另外，盛蛋白、蛋黄的碗中不能有任何油分和水分，否则将无法打发。

分离鸡蛋的方法：

●用蛋清分离器分离

蛋清分离器在市面上有售，可利用此器将蛋黄和蛋白分离，其缺点是蛋黄容易与蛋清一同流进碗里。

●原始方法

将生鸡蛋中间在碗沿上一磕，一分为二；然后，把鸡蛋黄从一半蛋壳倒到另一半蛋壳中，蛋清因为有粘连性，会自动下挂漏下去。如此几次，最后鸡蛋壳中只剩下蛋黄了。

●瓶吸法

准备一个干净的空塑料瓶，然后捏紧瓶身（稍微倾斜）对准蛋黄后松开，蛋黄就轻易地进入到了瓶子里面。

01

## 蛋白打发

　　尽量选用新鲜的鸡蛋来打发。鸡蛋越不新鲜，蛋白的碱性越重，也越难打发。为了中和蛋白的碱性，可以加入少许塔塔粉，使蛋白容易打发，并且更加稳定、不易消泡。倘若没有塔塔粉的话，也可使用白醋或柠檬汁代替。蛋白在20℃左右的时候最容易打发，注意搅打蛋白的速度要从低速渐渐到中高速，如果一开始就高速搅打，打发的蛋白霜体积不够大，且因泡沫过大而不稳定。

02

　　蛋白打发时往往需要加入一定比例的砂糖，一是要添加甜味，二是加了糖打发的蛋白霜比较细腻且泡沫持久稳定。加入砂糖要注意时机，过早加入会阻碍蛋白打发，过迟加入则会导致蛋白泡沫的稳定性差、不易打发，还会因此导致蛋白搅打过头。如果配方中砂糖分量等于或少于 1/4 杯，那最好在开始搅打蛋白时就加入。另外，砂糖要沿着碗壁渐渐加入，不要直接往蛋白中央一倒，否则可能会使蛋白霜消泡。搅打过程中要注意蛋白的变化：粗泡时蛋白液浑浊，细泡的蛋白渐渐凝固起来，开始有光泽，呈柔软绸缎状，提起搅拌器，有 2 ～ 3 厘米尖峰弯下。软性泡沫的蛋白很有光泽而且顺滑，提起搅拌器，蛋白尖峰还有些弯度。硬性泡沫的蛋白还有光泽，蛋白峰呈现坚挺状。到硬性泡沫阶段要格外注意，因为只要十来秒，蛋白就会因为搅打过头而无光泽了，而且还会变成棉花状和结球状蛋白。出现这种情况时可以试着添加一个蛋白进去打成硬性泡沫，但也未必可以补救。

## 全蛋打发

　　和蛋白的打发相比，全蛋打发要困难得多，家用的电动搅拌器普遍功率都不够高，所以耗时也长，需要具有耐心。将鸡蛋从冰箱拿出来回温，然后打入蛋盆。取一个大一点的盆，在里面注入 40℃ 的热水，把蛋盆放进热水里隔水加热，并用电动搅拌器将鸡蛋打发。全蛋在 40℃ 的时候最容易打发，将蛋盆坐在热水里会使蛋液的温度升高，有利于全蛋的打发。但是热水的温度不宜过高，如果温度太高反而不利于鸡蛋的打发。随着不断搅打，鸡蛋液会渐渐产生稠密的泡沫，变得越来越浓稠。将鸡蛋打发至提起搅拌器，滴落下来的蛋糊不会马上消失，在盆里的蛋糊表面画出清晰的纹路时，说明已经打发好了。

03

## 面粉过筛

　　将细网筛下面垫一张较厚的纸或直接筛在案板上，将面粉放入筛网连续筛两次，这样可让面粉蓬松，做出来的蛋糕品质也会比较好。加入其他干粉类材料时再筛一次，使所有材料都能充分混合在一起。如果是添加泡打粉之类的添加剂，则更需要与面粉一起过筛。例如，蛋糕需要很蓬松的面粉，过筛以后，面粉中的小疙瘩被打开，没有形成小疙瘩的面粉也被再次打开激活，变得更加蓬松，这样当面粉和蛋白、蛋黄混合以后可以更加蓬松，做出来的产品更加细腻、松软。

04

## 奶油打发

　　在烘焙中，最常见的便是奶油的打发。鲜奶油的品种有很多，有专供烹饪用的，当然也有专供打发用的。

　　鲜奶油要在冷藏的状态下才可以打发，所以在打发鲜奶油之前，需将它冷藏 12 小时以上。注意，鲜奶油切忌冷冻保存，否则会出现水油分离的现象。打发鲜奶油时，在鲜奶油中加入糖，使用电动搅拌器中速打发即可。若是用来制作裱花蛋糕，将鲜奶油打发至体积蓬松，可以保持花纹状态时，就能使用了。

05

## 黄油打发

　　黄油只有在软化的状态才能打发。在不断搅打软化的黄油时，你会发现，黄油变得越来越蓬松，体积渐渐越变越大，状态也变得轻盈，这就是打发的黄油。黄油一般都储存在冷藏室中，它的状态比较坚硬，打发前需要在室温下放置一段时间，使其自然软化。要注意的是：千万不要将黄油熔化成液体，液体状态下的黄油是无法打发的。

06

黄油打发的流程：

首先，称量所需要的黄油，让它软化至手指能轻易戳一个窟窿的程度，加入糖、糖粉或是需要加入的粉状物质，然后用电动搅拌器低速搅打，直至黄油与材料完全混合。

其次，将电动搅拌器的速度调至高速，继续搅打，这时黄油的状态会渐渐变得蓬松、轻盈，体积微微变大，颜色也变浅了。

黄油打发后，有些配方会要求加入鸡蛋，在黄油中加入鸡蛋也是很重要的一步。在鸡蛋的分量较多时，必须分次加入，每加入一次鸡蛋都要将黄油彻底搅打均匀，直到它们完全融合才可以再次加入。一般情况下，鸡蛋需分三次加入。当鸡蛋的分量少于黄油的1/3时，可以一次性将鸡蛋加入黄油里。

## 搅拌与翻拌的区别

**07**

翻拌是用长柄刮刀从盆底捞起蛋糕糊，然后用炒菜的手势划拌。翻拌时千万不要打圈，这样拌匀的蛋糕糊基本不会消泡。越是小心地不敢去拌，越会延长拌匀时间，反而容易消泡。

搅拌一般就是把材料拌匀，这时的手法就需要顺时针打圈搅拌。

## 挑选家用烤箱

**08**

从实用的角度，选择一台基本功能齐全的家用型烤箱就完全可以满足需求。那么，烤箱需要哪些基本功能呢？有上下两组加热管，并且上下加热管可同时加热，也可以单开上火或者下火加热；能调节温度，具有定时功能；烤箱内部至少分为两层（三层或以上更佳）。另外还需要注意一点，如果你对烤箱的使用不仅仅停留在烤吐司片、烤鸡翅等烤的层面，而是希望能烤出各种丰富多彩的西点，就一定要购买一台容积在 24 升以上的烤箱。

# 饼干制作基础知识

## 水分决定硬度

01

　　这里的水分是指材料中包括蛋白、牛奶和其他液体都在内的水分，这些水分主要影响饼干的软硬度，可根据需要来调配水分的比例。

## 砂糖决定脆感

02

　　砂糖决定饼干的脆感，并能使面团不易松散。但在曲奇饼干中糖的作用较为特殊，砂糖和糖粉要共同存在，光用糖粉的曲奇纹路清晰，但口感会不够酥脆；光有砂糖的曲奇烘烤时会因完全舒展膨胀而导致花纹消失。所以，双糖在曲奇的制作中使面糊延展性保持平衡。

## 油决定酥感

03

　　油的含量会直接影响到饼干的酥感，油的含量越多，饼干的口感就会越酥，但要注意的是油量过多会导致面团不容易整形，影响制作。所以在制作面团的时候要注意控制油的比例。

## 糖油拌和法

04

　　糖油拌和法是取出黄油，经室温软化后，分次加入湿性材料，再加入干性材料。如果蛋液或其他液体分量很大时，则要少量多次地加入，并且要确保每次都充分混合均匀后再继续加，这样才能很好地避免造成油水分离现象。

## 05 粉油拌和法

粉油拌和法就是先将所有的干性材料、粉类等混合均匀，再加入黄油，用手搓至混合材料呈细米粒状，最后加入备好的液体材料搓匀。

## 06 粉类过筛后效果好

面粉吸湿性非常强，如果接触空气较长一段时间，面粉就会吸附空气中的潮气而产生结块。这时，需要过筛才能去除结块，从而使面粉在跟液体材料混合时，避免出现小疙瘩。另外，过筛还能使面粉变得更蓬松，更容易跟其他材料混合，方便制作。在过筛的时候，可以将所有粉类都混合在一起倒入筛网内，过筛时一手持着筛网，另一手轻轻拍打筛网边缘，使粉类均匀地落到搅拌盆中。

## 07 材料恢复室温更容易操作

制作饼干使用的材料中最常见的是黄油，而黄油通常都需要冷藏在冰箱中，取出时质地比较硬。因此，最好在开始制作饼干之前将黄油取出，使其恢复至室温，待黄油变得比较软一点，再操作会比较容易，成品效果也会更好。其次，鸡蛋也需要提前从冰箱取出，待其恢复至室温，再跟黄油等材料混合，这样会比较容易被吸收均匀、充分。奶油、奶酪等材料提前取出，使其在室温下放置半小时或一小时，恢复至室温，也可以使操作更加容易。

## 08 少量多次加蛋液可避免油水分离

材料一次加入搅拌似乎比较省事，但有些材料是必须少量多次地与其他材料混合才更好。例如在黄油和糖混合打发之后，要多次加入已经打散好的蛋液，并且确保每次加入的蛋液充分拌匀，被黄

油吸收完全后再加入适量的蛋液继续拌匀。另外，因为鸡蛋含有很多水分，如果一次倒入所有的蛋液，会使得油脂和水分不容易结合，造成油水分离，导致搅和拌匀变得非常吃力。所以，材料分次加入才能更省事，才能做出真正的美味。

## 生坯的码放要有间隔

　　饼干在烘烤后体积会膨大一些，所以在烤盘中码放时要注意每个生坯之间要留一些空隙，以免烤完后饼干边缘相互粘黏在一起。而且，留有间隔可以使火候均匀，烘烤的效果也会更好。

**09**

## 生坯的大小要均匀

　　尽量做到每块生坯薄厚、大小相对均匀，这样在烘烤时，才能使烤出来的饼干色泽均匀，口感一致。不然，烤出来的成品可能会生熟不匀，口感糟糕。

**10**

## 烤箱要提前预热

　　在烘烤之前，一定要提前将温度旋钮调至需要的温度，再打开开关，使烤箱内部空烧一段时间。预热是为了使生坯进入烤箱时就能达到所需要的温度，从而获得更佳的烘焙效果。烤箱预热可以使饼干面团迅速定型，并且保持较好的口感。烤箱预热的时间需要根据烤箱的容积来调整，容积越大的烤箱需要预热的时间就越长，但大部分烤箱需要预热的时间都在 5 ~ 10 分钟。

**11**

# 给初学烘焙者的建议

### 完整阅读配方

**01**

在开始烘焙之前慢慢地、仔细地阅读整个配方，包括制作的方式、配料、工具和步骤，可以读 2~3 遍，确保每一点都很清晰。因为烘焙的所有步骤都是需要操作精确的，所以在开始前熟悉配方相当重要。

### 准备所需配料和工具

**02**

看完配方就要准备收集配料和工具，接着再检查一次，确保所有材料都准备充足。如果制作中途才发现漏了很重要的配料或者工具，肯定会影响成品。

### 让配料变回室温状态

**03**

配方上经常要求黄油和鸡蛋恢复至室温状态，所以在拿到原料后应放置几小时，让其解冻至室温状态。也可以将黄油磨碎，从而使黄油变回室温状态。

### 准备适合的烤盘和烘焙纸

**04**

如果配方要求烤盘铺上烘焙纸的话，那么就必须按步骤来做。铺上烘焙纸的烤盘可以防止饼干或者蛋糕烤焦、粘锅或者裂开，而且清洁工作会简单得多。

### 提前预热烤箱

**05**

大部分配方在最开始就会提醒你预热烤箱，所以在开展奇妙的烘焙之旅前，养成预热烤箱的习惯。

## 使用量杯

烘焙的过程中都应使用最精确的量具。除非配方中只要求使用一种量杯，否则液体（如牛奶或者水）应该使用液体量杯，而干性原料（如糖、面粉、坚果和巧克力块）应该使用嵌套干燥量杯。

**06**

## 干性原料过筛

虽然这一个步骤比较麻烦，但干性原料过筛可以改善烘焙食品的整体质感，而且能去掉一些块状物。操作时只需将原料过筛到一个大的搅拌盆中，或者过筛到蜡纸上都可以。

**07**

## 用单独的碗打鸡蛋

如果直接将鸡蛋打在装着面糊的搅拌盘中的话，很容易让鸡蛋污染到面糊。因此，用单独的碗打鸡蛋比较合适，同时方便检查有没有粘着鸡蛋壳，以及确保蛋黄没有破裂。

**08**

## 依照配方次序混合原料

有些新手会将全部原料一次性倒在搅拌盆中混合搅拌，这是不恰当的。我们应该阅读配方，然后慢慢地、认真地按步骤加入原料混合搅拌均匀。

**09**

## Part 2

# 简单易上手的
# 切割饼干

很多新手第一次尝试做饼干都会选择切割饼
干，不需要复杂的工序，也不需要手艺高超的造
型功底，只是简单地将面饼切割成自己喜欢的样
子，即可烤出色香味俱全的饼干。

# 「苏打饼干」

烤制时间：10 分钟

看视频学烘焙

## 材料 Material

酵母------------6 克
水---------140 毫升
低筋面粉---300 克
盐-------------2 克
小苏打--------2 克
黄油----------60 克

## 工具 Tool

刮板，擀面杖，叉子，烤箱，刀，高温布

## 做法 Make

**1.** 将低筋面粉、酵母、小苏打、盐倒在案台上，充分混合均匀。

**2.** 在中间掏一个窝，倒入备好的水，用刮板搅拌使水被吸收。

**3.** 加入黄油，一边翻搅一边按压，将所有食材混匀，制成平滑的面团。

**4.** 在面板上撒上些许面粉，放上面团，用擀面杖将面团擀制成 0.1 厘米厚的面皮。

**5.** 用刀将面皮四周不整齐的地方修掉，将其切成大小一致的长方片。

**6.** 在烤盘内垫入高温布，将切好的面皮整齐地放入烤盘内。

**7.** 用叉子在每个面片上戳上装饰花纹，烤盘放入预热好的烤箱内，关门。

**8.** 以上火 200℃、下火 200℃烤 10 分钟至饼干松脆，取出即可。

# 「芝麻苏打饼干」

**烤制时间：10分钟**

看视频学烘焙

## 材料 Material

酵母------------3 克

水--------- 70 毫升

低筋面粉---150 克

盐-------------2 克

小苏打--------2 克

黄油--------- 30 克

白芝麻------- 适量

黑芝麻------- 适量

## 工具 Tool

擀面杖，刮板，叉子，尺子，烤箱，高温布，刀

## 做法 Make

**1.** 将低筋面粉、酵母、小苏打、盐倒在案台上，充分混合均匀。

**2.** 用刮板开窝，倒入水，再用刮板搅拌。

**3.** 加入黄油、黑芝麻、白芝麻，将所有食材混匀，制成平滑的面团。

**4.** 在面板上撒上些许面粉，放上面团，用擀面杖将面团擀制成 0.1 厘米厚的面皮。

**5.** 用刀和尺子将面皮修齐，切成长方片。

**6.** 在烤盘内垫入高温布，放上面片，用叉子依次在每个面片上戳上装饰的花纹。

**7.** 将烤盘放入预热好的烤箱内，关上箱门。

**8.** 上火温度调为 200℃，下火调为 200 ℃，烤 10 分钟至饼干松脆后取出即可。

# 「 牛奶饼干 」

烤制时间：10 分钟

看视频学烘焙

## 材料 Material

低筋面粉---150 克
糖粉---------- 40 克
蛋白---------- 15 克
黄油---------- 25 克
淡奶油------- 50 克

## 工具 Tool

刮板，擀面杖，烤箱，刀，高温布

### 做法 Make

**1.** 低筋面粉倒在面板上，用刮板开窝，加入糖粉、蛋白，拌匀。

**2.** 加入黄油、淡奶油，将四周的粉覆盖中间，边搅拌边按压制成平滑的面团。

**3.** 用擀面杖把面团擀平擀薄，制成 0.3 厘米厚的面片。

**4.** 用刀将面片四周切齐制成长方形的面皮。

**5.** 修好的面皮切成大小一致的小长方形，制成饼干生坯。

**6.** 去掉多余的面皮，将饼干生坯放入垫有高温布的烤盘中。

**7.** 将烤盘放入预热好的烤箱内，关上烤箱门。

**8.** 将烤箱调至上、下火 160℃，烤 10 分钟至其熟透定型，取出即可。

# 「巧克力核桃饼干」

烤制时间：18 分钟

看视频学烘焙

**材料 Material**

核桃碎------100 克
黄油--------120 克
杏仁粉------ 30 克
细砂糖------ 50 克
低筋面粉---220 克
鸡蛋--------100 克
黑巧克力液-- 适量
白巧克力液-- 适量

**工具 Tool**

刮板，烤箱，刀

## 做法 Make

**1.** 将低筋面粉、杏仁粉倒在案台上，然后用刮板开窝。

**2.** 倒入细砂糖、鸡蛋，搅拌均匀，加入黄油。

**3.** 将材料混合均匀，揉成光滑的面团。

**4.** 放入核桃碎，用手揉成面团。

**5.** 在面团上撒少许低筋面粉，压成 0.5 厘米厚的面皮。

**6.** 用刀把面皮切成长方形，去掉不规则的边缘，然后把面饼放入烤盘。

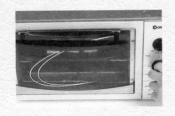

**7.** 将烤盘放入烤箱中，以上火 150 ℃、下火 150℃烤约 18 分钟至熟，取出。

**8.** 将烤好的核桃饼干一端蘸上适量白巧克力液，另一端蘸上适量黑巧克力液即可。

# 「海苔肉松饼干」

**烤制时间：** 15分钟

看视频学烘焙

## 材料 Material

低筋面粉---150 克
黄油----------75 克
鸡蛋----------50 克
白糖----------10 克
盐--------------3 克
泡打粉----------3 克
肉松----------30 克
海苔------------2 克

## 工具 Tool

刮板，烤箱，保鲜膜，刀，高温布，冰箱

## 做法 Make

1. 将低筋面粉倒在案台上，用刮板开窝。

2. 放入泡打粉，刮匀，加入白糖、盐、鸡蛋，用刮板搅匀。

3. 倒入黄油，揉搓成面团，加入海苔、肉松，揉搓均匀。

4. 裹上保鲜膜，放入冰箱，冷冻 1 小时，取出面团，去除保鲜膜。

5. 用刀将面团切成 1.5 厘米厚的饼干生坯。

6. 将饼干生坯放在铺有高温布的烤盘上。

7. 将烤盘放入烤箱，以上火 160℃、下火 160℃烤 15 分钟至熟。

8. 从烤箱中取出烤好的饼干，装入盘中即可。

# 「 瓜子仁脆饼 」

**烤制时间：23 分钟**

看视频学烘焙

### 材料 Material

蛋清---------- 80 克

砂糖---------- 50 克

低筋面粉---- 40 克

瓜子仁------100 克

黄油---------- 25 克

奶粉---------- 10 克

### 工具 Tool

电动搅拌器，烤箱铁架，长柄刮板，刀，尺子，高温布，烤箱，不锈钢盆

(做法 Make

**1.** 把蛋清、砂糖倒入盆中，用电动搅拌器中速打至砂糖完全溶化。

**2.** 加入低筋面粉、瓜子仁、奶粉，搅拌均匀至无粉粒状。

**3.** 加入融化的黄油，完全拌匀，制成饼干糊。

**4.** 将饼干糊倒在铺有高温布的烤箱铁架上。

**5.** 利用长柄刮板将饼干糊抹至厚薄均匀。

**6.** 将烤箱铁架放入烤箱，以上、下火 150℃的温度烤 15 分钟，烤干表面后取出。

**7.** 在案台上将整张脆饼分切成长方形，放入烤箱继续烘烤。

**8.** 烤 8 分钟至脆饼完全熟透，两面呈金黄色，取出冷却即可。

# 「蔓越莓曲奇」

烤制时间：15 分钟

看视频学烘焙

### 材料 Material

低筋面粉---- 90 克

蛋白--------- 20 克

奶粉--------- 15 克

黄油--------- 80 克

糖粉--------- 30 克

蔓越莓干----- 适量

### 工具 Tool

刮板，保鲜膜，刀，烤箱，冰箱

## 做法 Make

**1.** 将低筋面粉倒在案台上，加入奶粉，拌匀。

**2.** 把材料铺开，加入糖粉、蛋白，拌匀，再倒入黄油。

**3.** 将铺开的低筋面粉铺上去，按压成型，揉搓成面团。

**4.** 揉好的面团中加入蔓越莓干，揉搓均匀。

**5.** 将面团揉搓成长条，包上保鲜膜，放入冰箱冷冻 1 个小时，取出后拆下保鲜膜。

**6.** 将面团切成 0.5 厘米厚的饼干生坯。

**7.** 将生坯摆入烤盘中，再将烤盘放入烤箱中，关上烤箱门，以上、下火 160℃烤约 15 分钟至熟。

**8.** 打开烤箱，取出烤盘即可。

# 「红茶苏打饼干」

烤制时间：10 分钟

看视频学烘焙

## 材料 Material

酵母------------3 克
水----------70 毫升
低筋面粉---150 克
盐--------------2 克
小苏打--------2 克
黄油----------30 克
红茶末--------5 克

## 工具 Tool

擀面杖, 刮板, 刀,
叉子, 尺子, 高温
布, 烤箱

## 做法 Make

**1.** 将低筋面粉、酵母、小苏打、盐倒在案台上，充分混匀。

**2.** 在中间开窝，倒入水，用刮板搅拌。

**3.** 加黄油、红茶末，翻搅按压成面团。

**4.** 在案台上撒上些许低筋面粉，放上面团，用擀面杖将面团擀制成 0.1 厘米厚的面皮。

**5.** 用刀修齐面皮，并切成均匀的长方片。

**6.** 在烤盘内垫入高温布，放入面皮。

**7.** 用叉子在每个面片上戳上装饰花纹。

**8.** 将烤盘放入预热好的烤箱内，关上烤箱门，上、下火温度均调为 200℃，时间定为 10 分钟。

**9.** 烤好后取出，装入盘中即可。

# 「芝麻南瓜籽小饼干」

烤制时间：15 分钟

看视频学烘焙

## 材料 Material

黄油---------- 80 克
白糖---------- 50 克
香草粒------- 适量
牛奶------- 16 毫升
低筋面粉---150 克
鸡蛋-----------1 个
白芝麻------- 适量
南瓜籽------- 适量

## 工具 Tool

刮板，高温布，小
刀，烤箱，保鲜
膜，冰箱

**做法** Make

**1.** 将低筋面粉倒在案台上，用刮板开窝。

**2.** 加入牛奶、白糖搅匀，再倒入鸡蛋拌匀。

**3.** 放入香草粒，搅匀。

**4.** 倒入黄油，将材料混合均匀，揉搓成纯滑的面团。

**5.** 用保鲜膜包好面团，放入冰箱，冰冻30分钟。

**6.** 取出面团，去掉保鲜膜，切成饼状。

**7.** 在饼坯边缘粘上白芝麻，在中心放上南瓜籽，再放入铺有高温布的烤盘中。

**8.** 将烤盘放入烤箱，以上、下火170℃烤15分钟至熟。取出烤好的饼干，装入盘中即可。

看视频学烘焙

# 「香草饼干」

烤制时间：15分钟

## 材料 Material

黄油---------- 60 克

糖粉---------- 25 克

盐-------------- 3 克

低筋面粉---110 克

香草粉--------- 7 克

莳萝草末----- 适量

迷迭香末----- 适量

## 工具 Tool

刮板，叉子，刀，擀面杖，高温布，烤箱

## 做法 Make

**1.** 将低筋面粉倒在案台上，加入莳萝草末、迷迭香末、香草粉、糖粉。

**2.** 用刮板开窝，加入盐、黄油。

**3.** 将材料混合均匀。

**4.** 把材料揉搓成光滑的面团。

**5.** 把面团擀成约 0.5 厘米厚的面皮。

**6.** 用刀把面皮两侧切齐整，再切成长方块。

**7.** 将另两侧切齐整，切成八等份的小块，制成饼坯。

**8.** 用叉子在饼坯上扎小孔。

**9.** 用刀把饼坯切成小方块，但不切断。

**10.** 把生坯放入铺有高温布的烤盘。

**11.** 将生坯放入预热好的烤箱。

**12.** 将上、下火均调为 170 ℃，烤 15 分钟至熟。

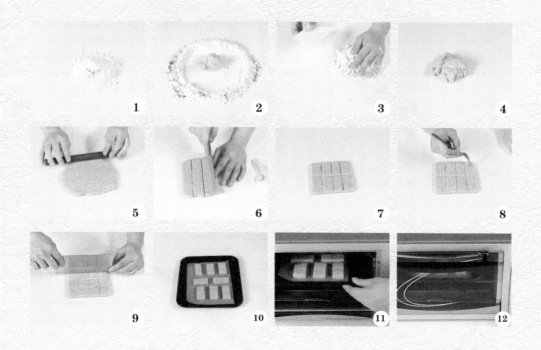

看视频学烘焙

# 「高钙奶盐苏打饼干」

烤制时间：15 分钟

## 材料 Material

低筋面粉---130 克
黄油---------- 20 克
鸡蛋-----------1 个
小苏打--------1 克
酵母-----------2 克
盐--------------1 克
水---------- 40 毫升
色拉油---- 10 毫升
奶粉----------- 10 克

## 工具 Tool

刮板，擀面杖，量尺，叉子，刀，高温布，烤箱

## 做法 Make

**1.** 将奶粉放到 100 克低筋面粉中，加入酵母、小苏打。

**2.** 倒在案台上，用刮板开窝。

**3.** 倒入水、鸡蛋液，搅散；刮入面粉，混合均匀；加入黄油，揉搓成面团。

**4.** 将 30 克低筋面粉倒在案台上，加入色拉油、盐。

**5.** 将材料混合均匀，揉搓成小面团。

**6.** 大面团擀成面皮，把小面团放在面皮上，压扁。

**7.** 将面皮两端向中间对折，用擀面杖擀平。

**8.** 将面皮两端向中间对折，再用擀面杖擀成方形面皮。

**9.** 对照量尺，用刀将面皮边缘切齐整，用叉子在面皮上扎上均匀的小孔。

**10.** 把面皮切成长条块，再切成方块，制成饼坯。

**11.** 将饼坯放入铺有高温布的烤盘里，再放入预热好的烤箱。

**12.** 烤箱上、下火均调至 170℃，烤 15 分钟至熟，取出烤好的饼干即可。

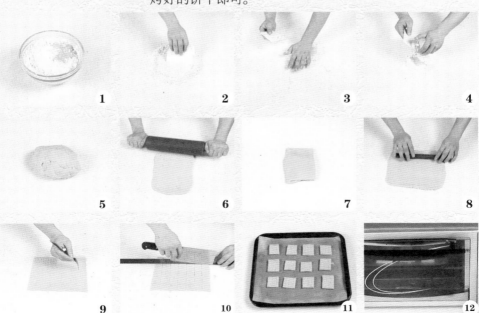

1  2  3  4
5  6  7  8
9  10  11  12

看视频学烘焙

# 「橄榄油原味香脆饼」

烤制时间：15 分钟

## 材料 Material

全麦粉------100 克
橄榄油---- 20 毫升
盐---------------2 克
苏打粉---------1 克
水--------- 45 毫升

## 工具 Tool

刮板，擀面杖，
刀，叉子，烤箱，
高温布

## 做法 Make

**1.** 将全麦粉倒在案台上，用刮板开窝。

**2.** 倒入苏打粉，加入盐，搅拌均匀。

**3.** 加入水、橄榄油，搅拌均匀。

**4.** 将材料混合均匀，揉搓成面团。

**5.** 用擀面杖把面团擀成约 0.3 厘米厚的面皮。

**6.** 用刀把面皮切成长方形的饼坯。

**7.** 用叉子在饼坯上扎小孔。

**8.** 将饼坯四周多余的面皮去掉。

**9.** 把饼坯放入铺有高温布的烤盘中。

**10.** 将烤盘放入烤箱，上、下火均调至 170℃，烤 15 分钟至熟。

**11.** 从烤箱内取出烤好的橄榄油原味香脆饼。

**12.** 将饼干装盘，放凉后即可食用。

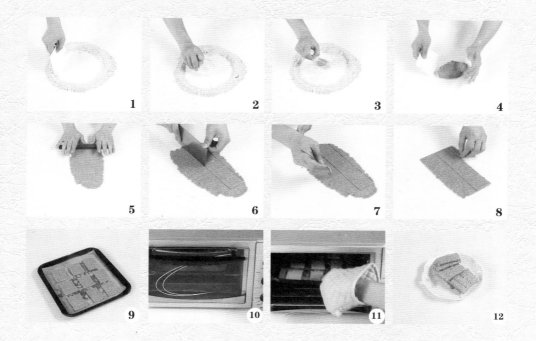

1　　2　　3　　4　　5　　6　　7　　8　　9　　10　　11　　12

# 「奶粉曲奇」

**烤制时间：** 13~15 分钟

## 材料 Material

黄油---------- 60 克
低筋面粉---120 克
脱脂奶粉---- 30 克
牛奶-------- 1 小匙
糖粉---------- 40 克
蛋黄---------- 1 个
蛋清、盐----- 少许
糖粉---------- 适量

## 工具 Tool

打蛋器，烘焙纸，
冰箱，烤箱，刀，
高温布，刷子，勺子，
面粉筛，搅拌碗

## 做法 Make

**1.** 把黄油盛到搅拌碗中用打蛋器打散。

**2.** 加入糖粉,搅拌均匀。

**3.** 加蛋黄拌匀,接着加牛奶,再搅拌一次。

**4.** 低筋面粉、脱脂奶粉和盐筛过之后倒入搅拌碗里,用饭勺搅拌。

**5.** 从碗里取出面团,用手捏实。

**6.** 把面团捏成想要的形状,用烘焙纸把面团包起来,放到冷冻室里冰冻1～2小时,使它凝固。

**7.** 在变硬了的面团表面用刷子刷上蛋清,蛋清干了之后,再裹筛上糖粉。

**8.** 把裹好糖粉的面团分切成每个厚度7～8毫米的面块。

**9.** 将面块放入烤盘,再放到预热到170℃的烤箱中烘烤13～15分钟。

# 「巧克力摩卡曲奇」

烤制时间：15~18 分钟

## 材料 Material

黄油---------- 90 克
低筋面粉---250 克
泡打粉--- 1/4 小匙
盐------------ 少许
牛奶-------- 2 小匙
咖啡----------- 3 克
核桃--------- 50 克
巧克力块---- 35 克

## 工具 Tool

打蛋器，面粉筛，
烘焙纸，冰箱，烤
箱，刀，搅拌碗

## 做法 Make

**1.** 把黄油盛到搅拌碗中，用打蛋器打散。

**2.** 牛奶加咖啡搅拌匀，放入步骤1的材料中，用打蛋器搅拌。

**3.** 加入过筛后的低筋面粉、泡打粉和盐，搅拌成面团。

**4.** 把切好的核桃和巧克力倒进面团中，搅拌均匀，用手揉成长的圆柱状。

**5.** 用烘焙纸包好面团，放到冷冻室里冰冻1小时以上。

**6.** 把冰冻过的面团切成每个宽度为 7 ～ 8 毫米的面块。

**7.** 把面块放入烤盘中，估量好面块的间距，放到预热到170～180℃的烤箱中，烘烤15～18分钟。

# 「大米绿茶曲奇」

烤制时间：15~18 分钟

## 材料 Material

制饼用大米粉120 克

绿茶粉--------- 4 克

黄油--------- 60 克

糖粉--------- 55 克

蛋黄----------1 个

红豆--------- 30 克

## 工具 Tool

面粉筛，饭勺，有拉链的袋子，擀面杖，保鲜膜，冰箱，刀，烤箱

## 做法 Make

**1.** 黄油打散，加糖粉搅拌均匀。

**2.** 加入蛋黄搅拌均匀。

**3.** 把过筛后的大米粉和绿茶粉加到步骤 2 的材料当中，用饭勺拌匀。

**4.** 加入红豆，用手和面，让红豆和面团能很好地黏在一起。

**5.** 把面团装到有拉链的袋子里，用擀面杖擀平，放到冷藏室里冰冻 1 小时左右。

**6.** 把冷藏过的面团从袋子里拿出来，放到保鲜膜上面，切成方形状。

**7.** 把切好的面团密密地铺在烘烤板上，放入预热到170℃的烤箱中烘烤 15 ～ 18 分钟。

# 「葡萄奶酥」

**烤制时间：** 15 分钟

看视频学烘焙

## 材料 Material

低筋面粉---195 克

葡萄干-------60 克

玉米淀粉----15 克

蛋黄----------45 克

奶粉---------12 克

黄油----------80 克

细砂糖-------50 克

## 工具 Tool

刮板，擀面杖，刀，
刷子，烤箱

**做法** Make

**1.** 将低筋面粉铺在案板上，加入奶粉、玉米淀粉，搅拌均匀。

**2.** 把拌好的材料用刮板开窝，倒入细砂糖、蛋黄，搅拌均匀。

**3.** 倒入一部分黄油，搅拌均匀，揉成面团。

**4.** 加入葡萄干，继续揉搓面团。

**5.** 然后用擀面杖将面团擀成 0.5 厘米厚的片。

**6.** 把擀好的面片用刀切去边缘。

**7.** 把面片切成小方块，摆入烤盘中，再刷上一层黄油。

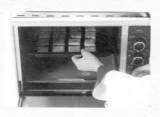

**8.** 打开烤箱门，将烤盘放入烤箱中。

**9.** 关上烤箱门，以上火 160℃、下火 160℃ 的温度烤约 15 分钟至熟。

看视频学烘焙

# 「巧克力蔓越莓饼干」

烤制时间：20 分钟

## 材料 Material

低筋面粉---- 90 克

蛋白--------- 20 克

奶粉--------- 15 克

可可粉------ 10 克

黄油--------- 80 克

糖粉--------- 30 克

蔓越莓干----- 适量

## 工具 Tool

刮板，保鲜膜，刀，
烤箱，冰箱

## 做法 Make

**1.** 将低筋面粉、奶粉、可可粉倒在案板上，用刮板拌匀后铺开。

**2.** 倒入蛋白和糖粉，充分搅拌均匀。

**3.** 加入黄油，拌匀之后稍稍按压，使材料初步成型。

**4.** 加入备好的蔓越莓干。

**5.** 继续按压，使蔓越莓干均匀散开在面团中，然后把面团搓成长条状。

**6.** 将长条面团包上保鲜膜，放入冰箱中冷冻一个小时。

**7.** 取出面团，把长条面团切成厚度约 1 厘米的饼干生坯。

**8.** 把饼干生坯装入烤盘中，摆好，彼此间留一些空隙。

**9.** 打开烤箱门，将装有饼干生坯的烤盘放入预热 5 分钟的烤箱中。

**10.** 关上烤箱，以上、下火 170℃烤约 20 分钟。

**11.** 打开烤箱门，取出烤盘，稍稍静置片刻，待饼干冷却。

**12.** 将烤好的饼干装盘即可。

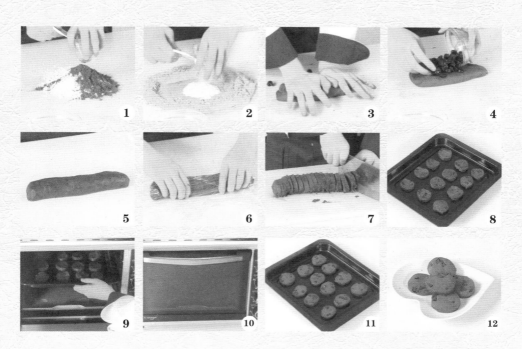

1　　　　2　　　　3　　　　4

5　　　　6　　　　7　　　　8

9　　　　10　　　　11　　　　12

# 「牛奶棒」

**烤制时间：** 15 分钟

看视频学烘焙

## 材料 Material

黄油---------- 70 克
奶粉---------- 60 克
鸡蛋----------- 1 个
牛奶------- 25 毫升
中筋面粉---250 克
细砂糖------- 80 克
泡打粉--------- 2 克

## 工具 Tool

刮板，保鲜膜，
烤箱，锡纸，擀
面杖，刀，冰箱

做法 Make

**1.** 中筋面粉倒在面板上，加入奶粉以及泡打粉，拌匀，开窝。

**2.** 倒入细砂糖、鸡蛋，注入牛奶，放入黄油。

**3.** 慢慢和匀，使材料融在一起，再揉成面团。

**4.** 将面团压平，用保鲜膜包好，放入冰箱冷藏30分钟。

**5.** 取出面团，撕去保鲜膜，擀平。

**6.** 用刀将面皮切成1厘米左右宽的长方条，制成饼坯。

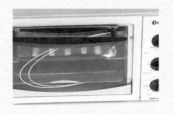

**7.** 把饼坯放在铺有锡纸的烤盘上。

**8.** 烤箱预热，放入烤盘，以上火170 ℃、下火160℃烤15分钟至食材熟透即可。

# 「饼干棒」

烤制时间：20 分钟

## 材料 Material

低筋面粉---150 克
糖粉---------- 40 克
蛋白---------- 15 克
黄油--------- 25 克
牛奶------ 50 毫升

## 工具 Tool

搅拌器，擀面杖，刀，烤箱，电动搅拌器

## 做法 Make

**1.** 黄油加入糖粉，用电动搅拌器打发至乳白色。

**2.** 加入蛋白，搅拌均匀。

**3.** 放入牛奶，拌制片刻。

**4.** 分次倒入低筋面粉，充分混匀制成面团。

**5.** 将面团放置平台上，擀成面皮。

**6.** 用刀修去面皮的四边，切成条状，放入烤盘。

**7.** 烤盘放入预热好的烤箱内。

**8.** 上、下火均调为 150℃，烤 20 分钟即可。

# 「香辣条」

**烤制时间：** 10 分钟

## 材料 Material

中筋面粉---200 克
黄油--------100 克
辣椒粉------- 少许
泡打粉--------4 克
鸡蛋-----------1 个
蛋黄液------- 20 克
细砂糖------- 55 克

## 工具 Tool

刮板，木棍，小刀，
刷子，烤箱

## 做法 Make

**1.** 将辣椒粉、泡打粉混合均匀，倒在操作台上，然后用刮板开窝。

**2.** 往粉窝中倒入细砂糖、鸡蛋、黄油、中筋面粉，拌匀，并揉搓成面团。

**3.** 用木棍将面团压成片状，再用小刀切成竖条状，制成香辣条生坯。

**4.** 将香辣条生坯放入烤盘，用刷子把蛋黄搅散成蛋液。

**5.** 在香辣条生坯上均匀地刷上蛋黄液，然后把烤盘放入烤箱中，以上、下火 160℃烤 10 分钟至熟。

**6.** 从烤箱中取出烤盘，将烤好的香辣条装入盘中即可。

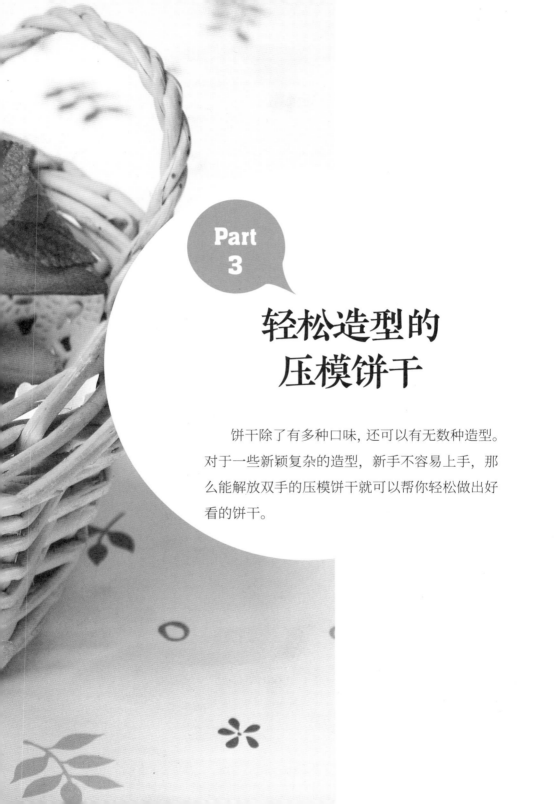

# Part 3

# 轻松造型的
# 压模饼干

饼干除了有多种口味，还可以有无数种造型。对于一些新颖复杂的造型，新手不容易上手，那么能解放双手的压模饼干就可以帮你轻松做出好看的饼干。

# 「牛奶星星饼干」

烤制时间：15 分钟

看视频学烘焙

**材料 Material**

低筋面粉---100 克

牛奶------- 30 毫升

奶粉---------- 15 克

黄油---------- 80 克

糖粉---------- 50 克

**工具 Tool**

刮板，擀面杖，星星模具，烤箱

## 做法 Make

**1.** 往案台上倒入低筋面粉、奶粉，用刮板拌匀，开窝。

**2.** 倒入糖粉、黄油，拌匀。

**3.** 加入牛奶，混合均匀。

**4.** 刮入面粉，混匀。

**5.** 将混合物搓揉成一个纯滑的面团。

**6.** 案台上撒少许面粉，按压一下面团，用擀面杖将面团擀成约 0.5 厘米厚的面饼。

**7.** 用模具在面饼上按压出数个星星形状的饼坯。

**8.** 将星星饼坯装入烤盘，放入烤箱，以上、下火 160℃烤 15 分钟，取出即可。

看视频学烘焙

# 「数字饼干」

烤制时间：10分钟

## 材料 Material

黄油--------240 克
糖粉--------200 克
鸡蛋--------100 克
低筋面粉---400 克
高筋面粉---100 克

## 工具 Tool

电动搅拌器，刮板，保鲜膜，细筛网，数字符号模具，烤箱，冰箱，刀，玻璃碗

## 做法 Make

**1.** 将黄油倒入碗中，用电动搅拌器搅拌。

**2.** 用细筛网筛入糖粉，搅拌均匀，倒入备好的鸡蛋，快速搅拌均匀。

**3.** 分别将低筋面粉、高筋面粉过筛至碗中，拌匀，制成面糊。

**4.** 将面糊倒在操作台上，压拌均匀，制成面团。

**5.** 把面团揉搓成长条状，对半切开。

**6.** 取其中一半面团，铺上保鲜膜，包好，并用手压扁，放入冰箱，冷藏 30 分钟。

**7.** 从冰箱中取出面团，撕开保鲜膜。

**8.** 在操作台撒入适量的低筋面粉，放上面团，按压片刻。

**9.** 依次将数字符号模具放在面团上，按压一下，取出。

**10.** 将面团脱模，放入烤盘。

**11.** 烤箱温度调成上、下火 200℃，放入烤盘烤 10 分钟。

**12.** 取出烤盘，将烤好的数字饼干装入盘中即可。

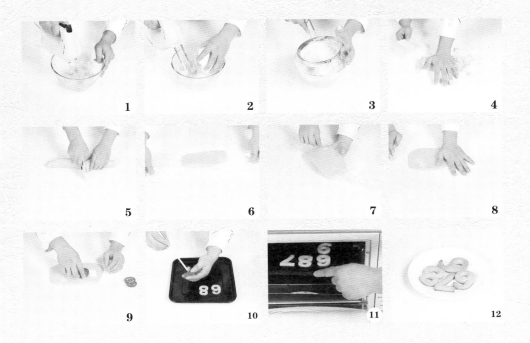

1　　　2　　　3　　　4
5　　　6　　　7　　　8
9　　　10　　　11　　　12

# 「奶油饼干」

烤制时间：15分钟

看视频学烘焙

## 材料 Material

黄油--------100 克
糖粉--------- 60 克
蛋白--------- 30 克
低筋面粉---150 克
草莓果酱----- 适量

## 工具 Tool

刮板，圆形模具，
烤箱，擀面杖，高
温布

做法 **Make**

**1.** 将低筋面粉倒在案台上，用刮板开窝，倒入糖粉、蛋白，搅拌均匀。

**2.** 加入黄油，刮入面粉，混合均匀，再揉搓成光滑的面团。

**3.** 用擀面杖把面团擀成光滑的面皮。

**4.** 用较大的圆形模具在面皮上压出圆形面皮。

**5.** 用较小的圆形模具在面皮上压出环状面皮。

**6.** 去掉边角料，把环状面皮放在圆形面皮上，制成生坯。

**7.** 把生坯放入铺有高温布的烤盘里，加入适量草莓果酱。

**8.** 将生坯放入预热好的烤箱里，以上、下火170℃烤15分钟至熟。

# 「心心相印饼干」

烤制时间: 10 分钟

## 材料 Material

低筋面粉---250 克
黄油---------- 50 克
细砂糖------- 25 克
鸡蛋-----------1 个
蜂蜜--------- 35 克
糖粉--------120 克

## 工具 Tool

刮板，保鲜膜，小
酥棍，心形饼模，
烤箱，冰箱

## 做法 Make

**1.** 将低筋面粉倒在操作台上，用刮板开窝。

**2.** 窝中倒入糖粉、鸡蛋、细砂糖、蜂蜜，拌匀，盖上周边的低筋面粉，按压、揉匀。

**3.** 加入黄油，按压、揉匀，制成面团，用保鲜膜包好，放入冰箱冷藏 1 小时。

**4.** 取出冷藏好的面团，放在操作台上，用小酥棍擀成厚约 0.3 厘米的薄面片。

**5.** 用心形状模具在擀好的面片上刻出饼干生坯。

**6.** 将生坯放在烤盘上，放入烤箱中层，以上、下火 170℃ 烤 10 分钟左右即可取出。

# 「牛奶圆饼」

**烤制时间：** 20 分钟

## 材料 Material

低筋面粉---150 克
糖粉---------- 40 克
蛋白---------- 15 克
黄油---------- 25 克
牛奶------- 50 毫升

## 工具 Tool

圆形模具，烤箱，打蛋器，电动搅拌器，长柄刮板，擀面杖

## 做法 Make

**1.** 黄油倒入碗中，加入糖粉，用电动搅拌器打发至乳白色。

**2.** 加入蛋白，搅拌均匀。

**3.** 放入牛奶，拌制片刻，倒入低筋面粉，充分混匀制成面团。

**4.** 将面团放置平台上，擀成面皮。

**5.** 用圆形模具在面皮上压制出生坯，放入烤盘。

**6.** 将烤盘放入预热好的烤箱内，上、下火均调为 150℃，烤 20 分钟即可。

# 「奶香苏打饼干」

烤制时间: 15分钟

看视频学烘焙

**材料 Material**

低筋面粉---100 克
小苏打--------- 2 克
盐-------------- 2 克
三花淡奶- 60 毫升
酵母----------- 2 克

**工具 Tool**

刮板, 饼干模具,
擀面杖, 烤箱, 烘
焙纸

**做法 Make**

**1.** 往案台上倒入低筋面粉、盐、小苏打、酵母，用刮板拌匀，开窝。

**2.** 倒入三花淡奶，稍稍拌匀，刮入面粉，混合均匀。

**3.** 将混合物搓揉成一个纯滑的面团。

**4.** 用擀面杖将面团均匀擀薄成面皮。

**5.** 用模具在面皮上按压出数个饼干生坯。

**6.** 烤盘垫一层烘焙纸，将饼干生坯放在烤盘里。

**7.** 将烤盘放入烤箱中，以上火 160 ℃、下火 160℃烤 15 分钟至熟。

**8.** 取出烤盘，将烤好的饼干装篮即可。

# 「鸡蛋黄油饼干」

烤制时间：15 分钟

看视频学烘焙

## 材料 Material

低筋面粉---100 克
黄油--------- 30 克
糖粉--------- 20 克
小苏打------- 2 克
蛋清--------- 20 克
盐----------- 2 克
黑芝麻------- 适量
白芝麻------- 适量

## 工具 Tool

刮板，模具，擀面杖，烤箱

## 做法 Make

**1.** 将低筋面粉倒在案台上，用刮板开窝。

**2.** 倒入黄油、糖粉、蛋清，稍加搅拌。

**3.** 刮入面粉，混匀，再加入小苏打、盐、黑芝麻、白芝麻，揉成面团。

**4.** 用擀面杖把面团擀成面皮。

**5.** 用模具在面皮上压出数个饼干生坯。

**6.** 去掉边角料，把生坯放入烤盘里。

**7.** 把烤盘放入预热好的烤箱中，上、下火均调至 150℃，烤 15 分钟至熟，取出即可。

# 「香葱苏打饼干」

烤制时间：15分钟

## 材料 Material

黄油---------- 30 克
酵母粉-------- 4 克
低筋面粉---165 克
牛奶------- 90 毫升
苏打粉-------- 1 克
葱花----------- 1 克
白芝麻------- 适量

## 工具 Tool

刮板，模具，擀面杖，叉子，烤箱

## 做法 Make

**1.** 把低筋面粉倒在案台上，用刮板开窝，倒入酵母，刮匀，加入白芝麻、苏打粉，倒入牛奶，将材料混合，揉搓匀。

**2.** 加入黄油，揉匀，放入葱花，揉搓均匀。

**3.** 用擀面杖把面团擀成 0.3 厘米厚的面皮，用模具压出数个饼干生坯。

**4.** 把饼干生坯放入烤盘中，用叉子在饼干生坯上扎小孔。

**5.** 将烤盘放入烤箱中，以上火 170 ℃、下火 170℃烤 15 分钟至熟。

**6.** 从烤箱中取出烤盘，将烤好的饼干装入篮中即可。

# 「红茶鸡蛋曲奇」

烤制时间：10~15 分钟

## 材料 Material

鸡蛋------------2 个
低筋面粉---- 60 克
杏仁粉-------- 20 克
伯爵红茶包1~2 个
糖------------- 50 克

## 工具 Tool

搅拌器，裱花袋，圆形奶油花器，心形饼干模，烤箱，面粉筛，玻璃碗

## 做法 Make

**1.** 把蛋黄和蛋清完全分离开来，蛋清加糖打发。

**2.** 蛋黄打散后加入打发好的蛋清，搅拌均匀。

**3.** 加入过筛后的低筋面粉和杏仁粉，搅拌均匀。

**4.** 放入伯爵红茶叶，搅拌均匀。

**5.** 将搅拌好的材料装进裱花袋，套上圆形的奶油花器。

**6.** 将饼干糊挤入心形饼干模内成型。放入预热180℃的烤箱内烤10～15分钟即可。

# 「黄油饼干」

烤制时间：15 分钟

看视频学烘焙

## 材料 Material

低筋面粉---100 克
可可粉------ 10 克
蛋黄--------- 30 克
奶粉--------- 15 克
黄油--------- 85 克
糖粉--------- 50 克
面粉---------- 少许

## 工具 Tool

刮板，擀面杖，烤箱，圆形模具，保鲜膜，烘焙纸

## 做法 Make

**1.** 案板上倒入低筋面粉、可可粉与奶粉，用硅胶刮板拌匀，开窝。

**2.** 加入蛋黄、糖粉，充分搅拌均匀。

**3.** 倒入黄油，将混合物揉搓成纯滑面团。

**4.** 用保鲜膜将面团包裹好，放入冰箱中冷冻 30 分钟。

**5.** 取出冻好的面团，撕下保鲜膜。

**6.** 案板上撒少许面粉，用擀面杖将冻面团擀成 0.5 厘米厚的面饼。

**7.** 用圆形模具在面饼上逐一按压，取出数个圆形生坯。

**8.** 烤盘上垫一层烘焙纸，放入制作好的圆形生坯。

**9.** 将烤盘放入烤箱中，以上火 160 ℃、下火 160℃烤 15 分钟至饼干熟透。

**10.** 打开烤箱门，取出烤盘，静置片刻，待其稍微冷却。

# 「星星圣诞饼干」

**烤制时间：** 10 分钟

## 材料 Material

低筋面粉---250 克
鸡蛋------------1 个
黄油---------- 50 克
细砂糖------- 25 克
蜂蜜--------- 35 克
糖粉---------120 克
姜粉---------- 少量
鸡蛋液------- 适量
水--------- 30 毫升

## 工具 Tool

刮板，保鲜膜，星
形模具，刷子，烤
箱，冰箱，擀面杖

## 做法 Make

**1.** 将低筋面粉倒在操作台上，用刮板开窝后，倒入糖粉、鸡蛋、细砂糖、姜粉、蜂蜜，拌匀。

**2.** 盖上周边的面粉，按压、揉匀。

**3.** 加入黄油后揉匀成团，盖上保鲜膜，放入冰箱冷藏，松弛 1 小时。

**4.** 取出松弛好的面团，擀成面片。

**5.** 用星形模具在面片上按压出星形饼坯，放入烤盘。

**6.** 将鸡蛋液与水混合均匀，刷在饼坯上，放入烤箱，以上、下火 170℃烤 10 分钟，取出即可。

# 「巧克力牛奶饼」

**烤制时间：** 15 分钟

## 材料 Material

黄油--------100 克

糖粉---------- 60 克

蛋白---------- 20 克

低筋面粉---180 克

可可粉------ 20 克

奶粉---------- 20 克

黑巧克力液-- 适量

白巧克力液-- 适量

白奶油------ 50 克

牛奶------- 40 毫升

## 工具 Tool

刮板，擀面杖，电
动搅拌器，圆形压
模，裱花袋，烘焙
纸，牙签，烤箱

## 做法 Make

**1.** 将低筋面粉、奶粉、可可粉倒在操作台。

**2.** 用刮板开窝，倒入蛋白、糖粉、黄油，揉成团。

**3.** 用擀面杖将面团擀平, 用圆形压模压出生坯, 入烤箱以上、
下火 170℃烤 15 分钟。

**4.** 白奶油加牛奶用电动搅拌器打发匀，装入裱花袋。

**5.** 白巧克力液装入裱花袋。

**6.** 烤好的饼干放在烘焙纸上。取其中一块饼干，在其表面
挤上奶油馅，再取另一块饼干蘸上黑巧克力液，然后盖在
挤了馅的饼干上，再挤上白巧克力液，用牙签画出花纹。
依次完成剩余的饼干即可。

# 「 圣诞姜饼人 」

烤制时间：10 分钟

## 材料 Material

低筋面粉---250 克
软化的黄油----50 克
水---------- 30 毫升
红糖粉------- 25 克
糖粉---------120 克
蜂蜜--------- 35 克
蛋黄---------- 25 克
姜粉----------- 5 克
蛋白---------- 10 克

## 工具 Tool

电动搅拌器，擀面杖，人形模具，刷子，裱花袋，剪刀，烤箱

## 做法 Make

**1.** 将软化的黄油、50 克糖粉、红糖粉、蜂蜜、姜粉用电动搅拌器打发均匀。

**2.** 加入低筋面粉，打发匀，倒在操作台上，揉成团。

**3.** 用擀面杖将面团擀成面皮，放上人形模具，按压，制成饼干生坯，放入烤盘。

**4.** 蛋黄打散加水混匀，刷在饼干生坯上，入烤箱以上、下火 170℃烤 10 分钟取出。

**5.** 将蛋白和 70 克糖粉打发匀，成蛋白砂糖霜，装入裱花袋，用剪刀剪一个小口，在烤好的饼干上挤上图案即可。

# 「果糖饼干」

**烤制时间：** 15 分钟

## 材料 Material

黄油--------100 克

糖粉--------- 60 克

鸡蛋----------1 个

低筋面粉---150 克

奶粉-------- 20 克

香粉---------- 3 克

果糖--------- 适量

糖粉---------- 适量

## 工具 Tool

电动搅拌器，筛网，饼模，擀面杖，烤箱，玻璃碗

## 做法 Make

**1.** 将黄油和糖粉倒入玻璃碗中，用电动搅拌器快速打发。

**2.** 加入鸡蛋，继续打发均匀。

**3.** 用筛网将低筋面粉、奶粉、香粉过筛到玻璃碗中，拌匀，然后倒在操作台上，揉搓成面团。

**4.** 用擀面杖将面团擀成 0.7 厘米厚的片，再用饼模在面片上按压出形状。

**5.** 放上果糖，放入烤盘。

**6.** 将烤盘放入烤箱，上火调为 180℃、下火调为 160℃ 烤 15 分钟至熟。

**7.** 将烤盘取出，过筛适量的糖粉装饰即可。

# 「花式饼干」

烤制时间: 10 分钟

## 材料 Material

低筋面粉---110 克
黄油---------- 50 克
蛋液--------- 25 克
糖粉---------- 40 克
盐-------------- 2 克
细砂糖------- 适量
食用色素----- 适量
蛋黄液------- 适量

## 工具 Tool

电动搅拌器, 筛网,
长柄刮板, 擀面杖,
圆形模具, 刷子,
烤箱, 玻璃碗

## 做法 Make

**1.** 将黄油倒入玻璃碗中, 加入糖粉、盐, 用电动搅拌器打发均匀, 至顺滑。

**2.** 分三次加入蛋液, 打发均匀。

**3.** 用筛网将低筋面粉过筛至玻璃碗中, 继续打发, 制成面糊。

**4.** 用长柄刮板将面糊刮到操作台上, 揉成团。

**5.** 用擀面杖把面团擀成薄片, 放上圆形模具, 按压出饼干生坯。

**6.** 在饼干生坯上刷蛋黄液, 粘上细砂糖与食用色素, 放入烤盘。

**7.** 将烤盘放入预热好的烤箱, 温度调成上、下火 175℃烤10 分钟即可。

# 「巧克力花式酥饼」

烤制时间：15 分钟

## 材料 Material

黄油---------100 克
糖粉--------- 60 克
鸡蛋------------1 个
低筋面粉---150 克
奶粉--------- 20 克
香粉----------- 3 克
白巧克力液-- 适量

## 工具 Tool

电动搅拌器，擀面杖，饼模，烤箱，筛网，玻璃碗

## 做法 Make

**1.** 将黄油、糖粉、鸡蛋倒入玻璃碗中，用电动搅拌器打发均匀。

**2.** 用筛网将低筋面粉、奶粉、香粉过筛至玻璃碗中，继续打发均匀，制成面糊。

**3.** 将面糊倒在操作台上，揉匀成面团。

**4.** 用擀面杖把面团擀压成面片，再用饼模在面片上压出形状，即成花式酥饼生坯。

**5.** 将花式酥饼生坯放入烤盘中，再放入烤箱，温度调为上火 180℃、下火 160℃，烤 15 分钟。

**6.** 从烤箱中取出烤好的酥饼，放凉，沾上白巧克力液即可。

# 「牛奶块」

烤制时间：20 分钟

## 材料 Material

黄油---------- 70 克

奶粉---------- 60 克

蛋白---------- 30 克

牛奶------ 20 毫升

中筋面粉---250 克

盐-------------- 1 克

糖粉---------- 85 克

泡打粉-------- 2 克

## 工具 Tool

刮板，擀面杖，保鲜膜，长方形模具，叉子，烤箱，小酥棍，冰箱

## 做法 Make

**1.** 依次将中筋面粉、泡打粉、奶粉倒在操作台上，用刮板开窝。

**2.** 往粉窝中倒入蛋白、牛奶、盐、糖粉，搅拌均匀。

**3.** 将周边的粉末往中间覆盖，再加入黄油，按压、揉匀，制成面团。

**4.** 用小酥棍把面团擀成片状，盖上保鲜膜，放入冰箱冷藏30 分钟。

**5.** 取出冷藏好的面片，用长方形模具在面片上按压，制成饼干生坯，再用叉子在其表面上戳些小孔，然后放入烤盘。

**6.** 将烤盘放入烤箱，以上火 180℃、下火 170℃烤 20 分钟即可。

# 「蓝莓果酱小饼干」

烤制时间: 8 分钟

## 材料 Material

低筋面粉---125 克
蛋白---------- 30 克
杏仁粉------ 20 克
软化的黄油---- 45 克
泡打粉-------- 3 克
食盐---------- 少许
糖粉---------- 5 克
蓝莓果酱----- 适量

## 工具 Tool

电动搅拌器，擀面杖，圆形中空波浪纹模具，心形模具，烤箱

## 做法 Make

**1.** 将软化的黄油、糖粉、蛋白、低筋面粉、盐、泡打粉、杏仁粉用电动搅拌器打发均匀，再倒在操作台上，揉成团。

**2.** 把面团放入冰箱冷藏 1 小时后取出，用擀面杖擀成片，放上圆形波浪纹模具，按压出形状。

**3.** 取一半按压出圆形波浪纹形状的面片，用心形模具在中间部位按压出心形。

**4.** 在这两种面片中间放上蓝莓果酱后压紧，放入烤盘。

**5.** 将烤盘放入烤箱，以上、下火 180℃烤 8 分钟，取出撒糖粉即可。

# 「小西饼」

**烤制时间：** 15 分钟

## 材料 Material

黄油--------100 克
糖粉---------- 60 克
鸡蛋----------- 1 个
低筋面粉---150 克
奶粉---------- 20 克
香粉----------- 3 克
装饰糖粉----- 适量

## 工具 Tool

电动搅拌器，筛网，擀面杖，饼模，烤箱，玻璃碗

## 做法 Make

**1.** 将黄油和糖粉倒入玻璃碗中，用电动搅拌器打发均匀，加入鸡蛋，继续打发。

**2.** 用筛网将低筋面粉、奶粉与香粉过筛至玻璃碗中，打发匀，制成面团。

**3.** 用擀面杖将面团擀成面片，用饼模在面片上按压，制成小西饼生坯。

**4.** 将小西饼生坯放入烤盘，中间间隔一定距离。

**5.** 将烤盘放入烤箱，以上火 180℃、下火 160℃烤 15 分钟。

**6.** 从烤箱中取出烤好的小西饼，放凉，在其表面上过筛适量糖粉装饰即可。

# 「心心苏打饼干」

烤制时间：10 分钟

## 材料 Material

低筋面粉---250 克
鸡蛋-----------1 个
黄油---------- 50 克
细砂糖------- 25 克
蜂蜜--------- 35 克
糖粉--------120 克

## 工具 Tool

刮板，保鲜膜，擀
面杖，心形模具，
烤箱，冰箱

## 做法 Make

**1.** 将低筋面粉倒在操作台上，用刮板开窝。

**2.** 在粉窝中倒入糖粉、鸡蛋、细砂糖与蜂蜜拌匀，盖上周边的面粉，按压揉匀。

**3.** 加入黄油，揉匀成团，用保鲜膜包好放进冰箱冷藏松弛1 个小时。

**4.** 将松弛好的面团放在操作台上，用擀面杖擀成厚约 0.3 厘米的薄片。

**5.** 用心形模具在面片上刻出饼干生坯。

**6.** 将饼干生坯放在烤盘上，放入烤箱中层。

**7.** 烤箱温度调成上火、下火都为 170℃，烤 10 分钟左右，取出装入盘中即可。

# 「 迷你肉松饼干 」

**烤制时间：** 20分钟

## 材料 Material

低筋面粉---100 克
蛋黄---------- 20 克
肉松---------- 20 克
软化的黄油---- 50 克
糖粉---------- 40 克
蛋黄液------- 30 克

## 工具 Tool

电动搅拌器, 筛网,
长柄刮板, 花形模
具, 刷子, 烤箱

## 做法 Make

**1.** 将软化的黄油加入糖粉, 用电动搅拌器打发好。

**2.** 分次加入蛋黄及过筛后的低筋面粉, 继续打发均匀, 并揉成团。

**3.** 将面团分成数个小面团, 捏成圆片形, 包入肉松, 收口, 揉成团, 放入烤盘。

**4.** 用花形模具在面团上按压, 呈现边纹, 制成饼干生坯。

**5.** 在饼干生坯上刷蛋黄液, 放入烤盘。

**6.** 烤盘入烤箱, 温度调成上、下火 180℃, 烤 20 分钟至呈金黄色, 取出装入盘中即可。

**Part 4**

# 随心所欲的
# 挤花饼干

挤花饼干的造型多变，可以根据你自己的心情和喜好，随意变换手下饼干的造型，让饼干的造型具有了更多的可能性。

# 「黄油曲奇」

烤制时间：17 分钟

看视频学烘焙

### 材料 Material

黄油--------130 克

细砂糖------ 35 克

糖粉---------- 65 克

香草粉-------- 5 克

低筋面粉---200 克

鸡蛋-----------1 个

### 工具 Tool

电动搅拌器，裱花袋，裱花嘴，长柄刮板，剪刀，烤箱，玻璃碗，油纸

**做法 Make**

**1.** 取一个玻璃碗，放入糖粉、黄油，用电动搅拌器打发至乳白色。

**2.** 加入鸡蛋，继续搅拌匀，再加入细砂糖，搅拌均匀。

**3.** 加入备好的香草粉、低筋面粉，搅拌均匀。

**4.** 用刮板将材料搅拌片刻。撑开裱花袋，装入裱花嘴，剪开一个小洞。

**5.** 用刮板将拌好的材料装入裱花袋中。

**6.** 在烤盘上铺上一张油纸，将裱花袋中的材料挤在烤盘上，挤出自己喜欢的形状。

**7.** 烤箱预热好开箱，将装有饼坯的烤盘放入，关闭好。

**8.** 将上火调至180℃，下火调至160 ℃，定时17分钟使其成形变熟，取出即可。

# 「罗曼咖啡曲奇」

烤制时间：10 分钟

看视频学烘焙

## 材料 Material

黄油---------- 62 克
糖粉---------- 50 克
蛋白---------- 22 克
咖啡粉--------- 5 克
开水-------- 5 毫升
香草粉--------- 5 克
杏仁粉------ 35 克
低筋面粉---- 80 克

## 工具 Tool

裱花袋，裱花嘴，剪刀，油纸，电动搅拌器，烤箱，玻璃碗

**做法 Make**

**1.** 将糖粉、黄油倒入玻璃碗中，快速拌匀，使黄油溶化。

**2.** 倒入蛋白，快速搅拌均匀，至食材融合在一起，待用。

**3.** 将开水注入咖啡粉中，晃动几下，至咖啡粉完全溶化，制成咖啡液，待用。

**4.** 玻璃碗中再加入调好的咖啡液，快速拌匀。

**5.** 依次倒入香草粉、杏仁粉、低筋面粉，拌匀至材料呈细腻的面糊状，待用。

**6.** 把拌好的面糊装入裱花袋里，收紧袋口，套上裱花嘴，再在袋底剪出一个小孔。

**7.** 烤盘中垫上一张大小适合的油纸，挤入适量面糊，制成数个曲奇生坯。

**8.** 烤箱预热，放入烤盘，以上火 180 ℃、下火 160℃的温度烤10分钟，取出即可。

# 「奶香曲奇」

烤制时间：15分钟

看视频学烘焙

## 材料 Material

黄油---------- 75 克

糖粉---------- 20 克

蛋黄---------- 15 克

细砂糖------- 14 克

淡奶油------- 15 克

低筋面粉---- 80 克

奶粉---------- 30 克

玉米淀粉---- 10 克

## 工具 Tool

电动搅拌器，长柄刮板，裱花嘴，裱花袋，剪刀，玻璃碗，油纸

做法 Make

**1.** 取大碗，加入糖粉、黄油，用电动搅拌器搅拌均匀。

**2.** 至其呈乳白色后加入蛋黄，继续搅拌。

**3.** 依次加入细砂糖、淡奶油、玉米淀粉、奶粉、低筋面粉，充分拌匀。

**4.** 用长柄刮板将搅拌匀的材料搅拌片刻。

**5.** 将裱花嘴装入裱花袋，袋底剪开一个小洞，用刮板将拌好的面糊装入裱花袋中。

**6.** 在烤盘上铺一张油纸，将裱花袋中的材料挤在烤盘上，挤成长条形，制成饼坯。

**7.** 将装有饼坯的烤盘放入烤箱，以上火 180℃、下火 150℃烤 15 分钟。

**8.** 打开烤箱，戴上隔热手套把烤盘取出即可。

# 「奶酥饼」

**烤制时间：** 15 分钟

看视频学烘焙

## 材料 Material

黄油---------120 克
盐---------------3 克
蛋黄--------- 40 克
低筋面粉---180 克
糖粉--------- 60 克

## 工具 Tool

电动搅拌器，长柄刮板，裱花袋，花嘴，烤箱，筛网，玻璃碗，剪刀，高温布

**做法 Make**

**1.** 将黄油倒入大碗中，加入盐、糖粉，用电动搅拌器快速搅匀。

**2.** 分次加入蛋黄，搅拌均匀。

**3.** 将低筋面粉过筛至碗中，用长柄刮板拌匀，制成面糊。

**4.** 把面糊装入套有花嘴的裱花袋里，剪开一个小口。

**5.** 以画圈的方式把面糊挤在铺有高温布的烤盘里，制成饼坯。

**6.** 预热烤箱，把放有饼胚的烤盘放入烤箱里。

**7.** 关上箱门，以上火180℃、下火190℃烤15分钟。

**8.** 打开箱门，取出烤好的饼干，装入盘中即可。

# 「蛋黄小饼干」

烤制时间：15 分钟

看视频学烘焙

## 材料 Material

低筋面粉---- 90 克
鸡蛋----------- 1 个
蛋黄----------- 1 个
白糖---------- 50 克
泡打粉-------- 2 克
香草粉-------- 2 克

## 工具 Tool

刮板，裱花袋，烤箱，高温布，玻璃碗

## 做法 Make

**1.** 把低筋面粉装入碗里，加入泡打粉、香草粉，拌匀，倒在案台上，用刮板开窝。

**2.** 倒入白糖，加入鸡蛋、蛋黄，搅拌均匀。

**3.** 将所有材料混合均匀，和成面糊。

**4.** 把面糊装入裱花袋中。

**5.** 在烤盘上铺一层高温布，挤上适量面糊，挤出数个饼干生坯。

**6.** 将烤盘放入烤箱，以上、下火 170℃烤 15 分钟至熟。

**7.** 取出烤好的饼干，装入盘中即可。

看视频学烘焙

# 「罗蜜雅饼干」

烤制时间：15分钟

## 材料 Material

饼皮：

黄油---------- 80 克

糖粉---------- 50 克

蛋黄---------- 15 克

低筋面粉---135 克

馅料：

糖浆---------- 30 克

黄油---------- 15 克

杏仁片------- 适量

## 工具 Tool

电动搅拌器，长柄刮板，三角铁板，花嘴，烤箱，裱花袋，高温布，玻璃碗

## 做法 Make

**1.** 将 80 克黄油倒入大碗中，加入糖粉，用电动搅拌器搅匀。

**2.** 加入蛋黄，快速搅匀。

**3.** 倒入低筋面粉，用长柄刮板搅拌匀，制成面糊。

**4.** 把面糊装入套有花嘴的裱花袋里，待用。

**5.** 将15克黄油、杏仁片、糖浆倒入碗中，用三角铁板拌匀，制成馅料。

**6.** 把馅料装入裱花袋里，置于一旁备用。

**7.** 将面糊挤在铺有高温布的烤盘里。

**8.** 把余下的面糊挤入烤盘里，制成饼坯。

**9.** 用三角铁板将饼坯中间部位压平，挤上适量馅料。

**10.** 把饼坯放入预热好的烤箱里，以上火 180 ℃、下火 150℃烤 15 分钟至熟。

**11.** 打开箱门，取出烤好的饼干装入盘中即可。

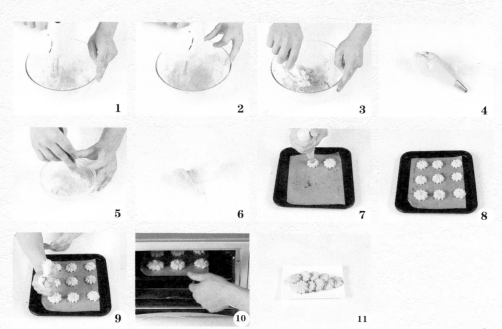

1　　2　　3　　4

5　　6　　7　　8

9　　10　　11

# 「巧克力腰果曲奇」

烤制时间：15分钟

看视频学烘焙

## 材料 Material

黄油---------- 90克

糖粉---------- 80克

蛋清---------- 60克

低筋面粉---120克

可可粉------- 15克

盐-------------1克

腰果碎-------- 适量

## 工具 Tool

电动搅拌器，花嘴，裱花袋，长柄刮板，烤箱，剪刀，玻璃碗

## 做法 Make

**1.** 将黄油倒入大碗中，加入糖粉，用电动搅拌器搅匀。

**2.** 分两次加入蛋清，用电动搅拌器快速打发。

**3.** 倒入低筋面粉、可可粉，搅匀，加入盐，搅拌均匀。

**4.** 取一个花嘴，把花嘴装入裱花袋里。

**5.** 用剪刀在裱花袋尖角处剪开一个小口。

**6.** 把面糊装入裱花袋里。

**7.** 将面糊挤在烤盘上，制成数个曲奇生坯，把腰果碎撒在生坯上。

**8.** 把生坯放入预热好的烤箱里，关上箱门，以上、下火150℃烤15分钟至熟，取出即可。

# 「 椰奶曲奇 」

烤制时间：20 分钟

## 材料 Material

奶油--------110 克
糖粉--------- 60 克
椰浆--------- 30 克
杏粉--------- 30 克
低筋面粉---100 克
椰蓉--------- 20 克

## 工具 Tool

刮板，裱花袋，烤箱，裱花嘴，盆，搅拌器，剪刀

## 做法 Make

**1.** 盆中放入奶油，加入糖粉，混合拌至均匀。

**2.** 分次加入椰浆拌至完全透彻。

**3.** 加入低筋面粉、杏粉、椰蓉，拌匀后制成饼干面团。

**4.** 将面团装入已套好花嘴的裱花袋内，在烤盘内挤出饼干生坯。

**5.** 将烤盘放入预热好的烤箱，以上、下火 150℃烘烤。

**6.** 烤约 20 分钟至饼干熟透，打开烤箱门，取出烤盘，把烤好的饼干装入盘中即可。

# 「香葱曲奇」

烤制时间：25 分钟

## 材料 Material

奶油---------- 65 克

糖粉---------- 50 克

液态酥油---- 45 克

清水------- 45 毫升

盐-------------- 3 克

鸡精-------- 2.5 克

葱花----------- 3 克

低筋面粉---175 克

## 工具 Tool

刮板，裱花袋，烤箱，裱花嘴，电动搅拌器，剪刀

## 做法 Make

**1.** 把奶油、糖粉、盐混合拌匀，先慢后快，打至均匀。

**2.** 分次加入液态酥油、清水，搅拌均匀至无液体状。

**3.** 加入鸡精、葱花拌匀。

**4.** 加入低筋面粉，拌至无粉粒。

**5.** 将面团装入已套好裱花嘴的裱花袋内，挤入烤盘，制成大小均匀的香葱曲奇生坯。

**6.** 将烤盘放入烤箱中，以上、下火 160℃的温度烘烤约 25 分钟，饼干完全熟透，取出即可。

# 「草莓酱曲奇」

**烤制时间:** 25 分钟

## 材料 Material

奶油---------- 60 克
糖粉---------- 50 克
液态酥油- 40 毫升
清水------- 40 毫升
低筋面粉---170 克
吉士粉------ 10 克
奶香粉-------- 2 克
草莓果酱----- 适量

## 工具 Tool

长柄刮板, 裱花袋,
烤箱, 电动搅拌器,
裱花嘴, 剪刀

## 做法 Make

1. 把奶油、糖粉混合在一起, 打至均匀。
2. 分次加入液态酥油、清水, 搅拌均匀至无液体状。
3. 加入低筋面粉、吉士粉、奶香粉, 拌均匀至无粉粒。
4. 将面团装入已套好裱花嘴的裱花袋内, 挤入烤盘, 挤成大小均匀的饼坯。
5. 在饼坯中间挤上草莓果酱作为装饰。
6. 将烤盘放入烤箱中, 以上、下火 160℃烤约 25 分钟, 至饼干完全熟透, 取出即可。

# 「猫舌饼」

**烤制时间：** 18 分钟

看视频学烘焙

## 材料 Material

低筋面粉---130 克
黄油----------83 克
糖粉---------130 克
蛋清---------100 克

## 工具 Tool

玻璃碗，电动搅拌器，裱花袋，剪刀，烘焙纸，烤箱，刮板，剪刀

## 做法 Make

1. 将黄油、糖粉倒入玻璃碗中，用电动搅拌器打发均匀。
2. 分三次倒入蛋清，搅拌均匀。
3. 放入低筋面粉，继续搅拌成糊状。
4. 将面糊装入裱花袋中。
5. 用剪刀在裱花袋的尖端部位剪开一个小口。
6. 在铺有烘焙纸的烤盘上横向挤入面糊。
7. 将烤盘放入烤箱，把上、下火调至 180℃，烤约 18 分钟。
8. 烤好后从烤箱中取出烤盘，放置片刻至凉。
9. 将猫舌饼装入盘中即可。

# 「奶黄饼」

 烤制时间：10 分钟

看视频学烘焙

### 材料 Material

鸡蛋------------2 个
细砂糖------100 克
低筋面粉---100 克
吉士粉------ 10 克

### 工具 Tool

电动搅拌器，裱花袋，剪刀，高温布，烤箱，玻璃碗

## 做法 Make

**1.** 将鸡蛋倒入大碗中，加入细砂糖，用电动搅拌器搅匀。

**2.** 加入低筋面粉、吉士粉，快速搅匀，搅成纯滑的面浆。

**3.** 把面浆装入裱花袋里。

**4.** 在裱花袋尖角处剪开一个小口。

**5.** 把面浆挤到铺有高温布的烤盘里。

**6.** 将余下的面浆均匀地挤到烤盘里。

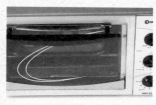

**7.** 把烤盘放入预热好的烤箱里。

**8.** 关上烤箱门，以上火 150℃、下火 150℃烤 10 分钟至熟。

**9.** 打开烤箱门，把奶黄饼取出装盘即可。

# 「杏仁奇脆饼」

烤制时间：15 分钟

看视频学烘焙

## 材料 Material

黄油---------- 90 克

低筋面粉---110 克

糖粉---------- 90 克

蛋白---------- 50 克

杏仁片------- 适量

## 工具 Tool

电动搅拌器，长柄刮板，裱花袋，剪刀，高温布，烤箱，玻璃碗

# 做法 Make

**1.** 将黄油倒入大碗中，加入糖粉，用电动搅拌器搅拌均匀。

**2.** 加入蛋白，并搅拌匀。

**3.** 加入低筋面粉，用长柄刮板拌成糊状。

**4.** 把面糊装入裱花袋里。

**5.** 将裱花袋尖角处剪开一个小口。

**6.** 将面糊挤在铺有高温布的烤盘里。

**7.** 在面糊上撒上适量杏仁片。

**8.** 放烤盘入预热好的烤箱里，关上箱门，以上火190℃、下火140℃烤约15分钟。

**9.** 打开箱门，把烤好的饼干取出，装入容器中即可。

# 「花生薄饼」

烤制时间：20 分钟

看视频学烘焙

## 材料 Material

低筋面粉---155 克

奶粉---------- 35 克

黄油--------120 克

糖粉---------- 85 克

盐------------- 1 克

鸡蛋---------- 85 克

牛奶------ 45 毫升

花生碎------- 适量

## 工具 Tool

刮板，裱花袋，剪刀，高温布，烤箱

## 做法 Make

**1.** 将黄油、糖粉倒在案台上，搓匀。

**2.** 倒入鸡蛋，用刮板拌匀。

**3.** 加入牛奶、低筋面粉搅拌均匀。

  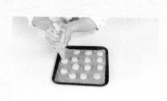

**4.** 加入奶粉、盐，将材料混合均匀。

**5.** 继续搅拌成糊状，装入裱花袋中，在裱花袋尖端部位剪出一个小口。

**6.** 把面糊挤入铺有高温布的烤盘上。

**7.** 在面糊上撒上适量花生碎。

**8.** 将烤盘放入烤箱，以上火 150℃、下火 150℃烤 20 分钟至熟。

**9.** 从烤箱中取出烤盘，将花生薄饼装入容器中即可。

看视频学烘焙

# 「 手指饼干 」

**烤制时间：10 分钟**

## 材料 Material

低筋面粉---- 95 克
糖粉----------- 适量
蛋白部分：
细砂糖------- 30 克
蛋清----------- 3 个
蛋黄部分：
细砂糖------- 30 克
蛋黄-----------3 个

## 工具 Tool

电动搅拌器，玻璃碗，长柄刮板，裱花袋，筛网，剪刀，高温布，烤箱

## 做法 Make

**1.** 将蛋清倒入玻璃碗，用电动搅拌器打发。

**2.** 加入 30 克细砂糖，打至六成发，即成蛋白部分。

**3.** 另取一个玻璃碗，加入蛋黄、30 克细砂糖，快速打发均匀，即成蛋黄部分。

**4.** 用筛网将低筋面粉过筛至蛋白部分中，用长柄刮板搅拌匀。

**5.** 将一半的蛋白部分倒入蛋黄部分中，搅拌均匀。

**6.** 倒入剩下的蛋白部分，搅拌均匀。

**7.** 把面糊装入裱花袋中，用剪刀将裱花袋尖端剪一个小口。

**8.** 在铺有高温布的烤盘上挤入面糊，呈长条状生坯。

**9.** 用筛网将糖粉过筛至饼干生坯上。

**10.** 预热烤箱，把上、下火调为 160℃。

**11.** 将烤盘放入预热好的烤箱，烤 10 分钟至其熟透。

# 「 曲奇饼 」

烤制时间: 15 分钟

## 材料 Material

奶油---------100 克
色拉油---100 毫升
糖粉---------125 克
清水------ 37 毫升
牛奶香粉------7 克
鸡蛋-----------1 个
低筋面粉---300 克
黑巧克力液50 毫升

## 工具 Tool

面粉筛，电动搅拌器，裱花袋，裱花嘴，三角铁板，锡纸，烤箱，玻璃碗，剪刀

## 做法 Make

**1.** 将奶油、糖粉、部分色拉油倒入碗中，用电动搅拌器打发均匀。

**2.** 倒入剩余色拉油，打发呈白色，加入鸡蛋，打发匀。

**3.** 用面粉筛将低筋面粉、牛奶香粉过筛至碗中，注水打发成面糊。

**4.** 将裱花嘴装入裱花袋，将面糊装入裱花袋中，挤在铺有锡纸的烤盘上，挤成各种花式。

**5.** 将烤盘放入烤箱，以上火 180℃、下火 150℃，烤 15 分钟，取出放凉。

**6.** 把黑巧克力液粘到饼干上，稍干后装盘即可。

# 「樱桃曲奇」

**烤制时间：** 25 分钟

## 材料 Material

奶油---------138 克

糖粉---------100 克

食盐-----------2 克

鸡蛋-----------2 个

低筋面粉---150 克

高筋面粉---125 克

吉士粉------ 13 克

奶香粉-------1 克

红樱桃------- 适量

## 工具 Tool

裱花袋，电动搅拌器，搅拌器，裱花嘴，剪刀，小刀，烤箱，玻璃碗

## 做法 Make

**1.** 把奶油、糖粉、食盐倒在玻璃碗中，用电动搅拌器先慢后快打至呈奶白色，然后分次加入鸡蛋，继续打发拌匀。

**2.** 依次加入吉士粉、奶香粉、低筋面粉、高筋面粉，用搅拌器完全搅拌均匀，至无粉粒状，制成面糊。

**3.** 把裱花嘴装入裱花袋内，将面糊装入裱花袋中，用剪刀在裱花袋尖端剪一个小口，在烤盘上以划圆圈的方式，挤入大小均匀的面糊，在面糊中间放上切成粒状的红樱桃，制成樱桃曲奇生坯。

**4.** 将烤盘放入烤箱，以上、下火 160℃烤约 25 分钟，至完全熟透。从烤箱中取出烤盘，将烤好的曲奇装入盘中，冷却即可。

# 「奶油曲奇」

**烤制时间：** 10 分钟

## 材料 Material

低筋面粉---200 克
糖粉--------- 90 克
鸡蛋-----------1 个
黄油--------135 克
植物鲜奶油-- 适量

## 工具 Tool

电动搅拌器，面粉筛，长柄刮板，裱花袋，烘焙纸，烤箱，玻璃碗，剪刀

## 做法 Make

**1.** 黄油加糖粉后倒入玻璃碗中，用电动搅拌器打至顺滑。

**2.** 鸡蛋打散，分几次加入混好的黄油内，且每一次都要打到二者完全融合，黄油发白。

**3.** 将低筋面粉过筛至玻璃碗中，续打发至面粉全部湿润，制成面糊。

**4.** 用长柄刮板把面糊装入裱花袋中。在烤盘铺一层烘焙纸，并挤入空心圆形状面糊，再放入烤箱，把烤箱温度调成上、下火 200℃，烤 10 分钟至饼干上色。

**5.** 取出烤好的饼干，在一块饼干上放上植物鲜奶油，盖上另一块饼干压紧，依此完成剩余的饼干即可。

# 「杏仁奶香曲奇」

**烤制时间：** 15 分钟

## 材料 Material

黄油--------130 克
低筋面粉---200 克
细砂糖------ 35 克
鸡蛋--------- 50 克
糖粉--------- 65 克
杏仁粒------- 适量

## 工具 Tool

裱花袋，电动搅拌器，烤箱，长柄刮板，剪刀

## 做法 Make

**1.** 细砂糖和糖粉分次加入黄油中，用电动搅拌器打至发白，加入鸡蛋，再次打匀。

**2.** 分次加入低筋面粉，充分搅拌均匀。

**3.** 将拌好的面糊装入裱花袋内。

**4.** 将面糊逐一挤在烤盘上，并在面糊中间摆上杏仁粒。

**5.** 烤盘放入预热好的烤箱内，以上火 180℃、下火 170℃烤 15 分钟，待时间到，取出即可。

# 「椰蓉小点」

**烤制时间：** 15 分钟

## 材料 Material

椰蓉------------8 克
低筋面粉---100 克
鸡蛋---------- 80 克
白砂糖------- 80 克
泡打粉---------1 克
黄油---------- 90 克

## 工具 Tool

电动搅拌器，搅拌器，裱花袋，烤箱，玻璃碗，剪刀

## 做法 Make

**1.** 低筋面粉内加入泡打粉，搅拌匀，待用。黄油倒入大碗，用电动搅拌器打散。

**2.** 加入白砂糖，搅拌均匀，分次加入鸡蛋，充分搅拌匀。

**3.** 分次倒入低筋面粉，搅拌均匀成面糊，装入裱花袋中。

**4.** 在烤盘上挤上生坯，撒上椰蓉。

**5.** 烤盘放入预热好的烤箱内，以上火 150 ℃、下火 120℃，烤 15 分钟，待时间到，将其取出即可。

# 「抹茶曲奇」

**烤制时间：** 20 分钟

看视频学烘焙

## 材料 Material

低筋面粉---200 克
黄油--------145 克
细砂糖------ 30 克
糖粉---------- 70 克
鸡蛋---------- 50 克
牛奶------ 50 毫升
抹茶粉--------8 克
盐------------ 适量

## 工具 Tool

烘焙纸，烤箱，长柄刮板，电动搅拌器，裱花袋，裱花嘴，玻璃碗，剪刀

## 做法 Make

**1.** 把黄油和糖粉倒入玻璃碗中，用电动搅拌器不断搅拌，将黄油打发至体积膨胀、颜色稍微变浅的状态。

**2.** 将鸡蛋打入碗中，把蛋清和蛋黄搅拌均匀；分 2 或 3 次加入到黄油中，并且搅拌均匀。

**3.** 加入牛奶搅拌均匀，再倒入盐搅拌。

**4.** 把低筋面粉、抹茶粉和细砂糖拌匀后倒入黄油糊中继续进行搅拌，制成曲奇面粉。

**5.** 用长柄刮板将面糊装入套有裱花嘴的裱花袋中，再将曲奇面糊挤在垫好烘焙纸的烤盘上。

**6.** 将烤盘放入预热好的烤箱中，以上火 170℃、下火 150℃烤制约 20 分钟，表面呈现焦脆颜色即可出炉。

# 「椰丝小饼」

烤制时间：10~15 分钟

看视频学烘焙

## 材料 Material

低筋面粉---- 50 克

黄油---------- 90 克

鸡蛋液---- 30 毫升

糖粉---------- 50 克

椰丝末------- 80 克

## 工具 Tool

烘焙纸，烤箱，长柄刮板，裱花袋，裱花嘴，剪刀

## 做法 Make

**1.** 烤箱通电后，将上火温度调至 180℃，下火温度调至 130℃进行预热。

**2.** 将黄油倒在案台上，倒入糖粉用长柄刮板充分和匀。

**3.** 倒入鸡蛋液、低筋面粉、椰丝末，然后用刮板充分搅拌和匀。

**4.** 将和好的面糊装入套有裱花嘴的裱花袋中。

**5.** 将面糊以画圈的方式挤成若干的生坯，置于铺好烘焙纸的烤盘上。

**6.** 将烤盘放入烤箱中，烤 10~15 分钟至饼干表面呈金黄色。

**7.** 打开烤箱，将烤盘取出，将烤好的食材摆放在盘中即可。

# 「抹茶饼干」

烤制时间：15分钟

## 材料 Material

低筋面粉---- 60 克
蛋白--------- 40 克
糖粉--------- 50 克
黄油--------- 50 克
抹茶粉------- 10 克

## 工具 Tool

裱花袋，烤箱，
搅拌器，玻璃碗，
剪刀

## 做法 Make

**1.** 低筋面粉与抹茶粉混合匀，待用。

**2.** 黄油倒入碗中，加入糖粉，打发至乳白色，加入蛋白，拌均匀。

**3.** 加入面粉混合物，充分混合匀，装入裱花袋中，逐一挤在烤盘上。

**4.** 将烤盘放入预热的烤箱内，以上火 150 ℃、下火 120 ℃，烤 15 分钟即可。

# 「星星小西饼」

烤制时间：20 分钟

### 材料 Material

黄油--------- 70 克
糖粉--------- 50 克
蛋黄--------- 15 克
低筋面粉---110 克
可可粉------- 适量

### 工具 Tool

电动搅拌器，裱花袋，裱花嘴，高温布，烤箱，玻璃碗，剪刀

### 做法 Make

**1.** 将黄油、糖粉倒入玻璃碗中，用电动搅拌器快速打发均匀。

**2.** 加入蛋黄，快速打发匀。

**3.** 加入低筋面粉，继续用电动搅拌器快速打发均匀。

**4.** 最后加入可可粉，快速打发匀，制成面糊。

**5.** 将裱花嘴装入裱花袋中，然后倒入面糊，慢慢地将面糊挤在垫有高温布的烤盘中，并把烤盘放入烤箱，将温度调成上、下火 180℃，烤约 20 分钟至饼干呈金黄色。

**6.** 从烤箱中取出烤盘，将星星小西饼装入盘中即成。

**Part 5**

# 任你"揉圆搓扁"的手工塑型饼干

手工塑型饼干一般有添加一些干果或者小零食，让口味单一的饼干能够有更加丰富的内容和味道。

# 「椰蓉蛋酥饼干」

烤制时间：15 分钟

看视频学烘焙

## 材料 Material

低筋面粉---150 克

奶粉---------- 20 克

鸡蛋----------2 个

盐--------------2 克

细砂糖------ 60 克

黄油---------125 克

椰蓉---------- 50 克

## 工具 Tool

刮板，烤箱

## 做法 Make

**1.** 将低筋面粉、奶粉倒在案台上，搅拌片刻，在中间掏一个窝。

**2.** 加入备好的细砂糖、盐以及鸡蛋，在中间搅拌均匀。

**3.** 倒入黄油，将四周的面粉覆盖上去，一边翻搅一边按压至面团均匀、平滑。

**4.** 取适量面团揉成圆形，在外圈均匀粘上椰蓉。

**5.** 放入烤盘，轻轻压成饼状，将面团依次制成饼干生坯。

**6.** 将烤盘放入预热好的烤箱里，烤箱温度调成上火 180℃、下火 150℃，烤 15 分钟至定型。

**7.** 待 15 分钟后戴上隔热手套将烤盘取出。

**8.** 将烤好的饼干装入篮子中，稍放凉即可食用。

# 「趣多多」

烤制时间：15 分钟

看视频学烘焙

## 材料 Material

低筋面粉---150 克

蛋黄---------- 25 克

可可粉------- 40 克

糖粉---------- 90 克

黄油---------- 90 克

巧克力豆----- 适量

## 工具 Tool

刮板，烤箱，烘焙纸

做法 Make

**1.** 将低筋面粉、可可粉倒在面板上，用刮板搅拌均匀。

**2.** 在搅拌好的材料中掏一个窝，倒入糖粉、蛋黄，将其搅拌均匀。

**3.** 加入黄油，一边搅拌一边按压，将食材充分拌匀。

**4.** 将揉好的面团搓成条，取一块揉成圆球。

**5.** 将揉好的面团粘上巧克力豆，放入铺有烘焙纸的烤盘内，轻轻按压一下成饼状。

**6.** 将剩余的面团依次用此方法制成饼坯。

**7.** 将装有饼坯的烤盘放入预热好的烤箱内。

**8.** 上火温度调为170℃，下火也同样调为170℃，烤15分钟，取出即可。

# 「香甜裂纹小饼」

**烤制时间：** 15 分钟

## 材料 Material

低筋面粉---110 克
白糖---------- 60 克
橄榄油---- 40 毫升
蛋黄-----------1 个
泡打粉--------5 克
可可粉------ 30 克
盐-------------2 克
酸奶------- 35 毫升
南瓜籽------- 适量

## 工具 Tool

刮板, 烤箱, 高温布

## 做法 Make

**1.** 低筋面粉中加入可可粉拌匀, 倒在案台上开窝, 淋入橄榄油, 加入白糖。

**2.** 倒入酸奶, 搅拌均匀, 放入泡打粉, 加入盐, 倒入南瓜籽, 蛋黄, 搅拌匀。

**3.** 将材料混合均匀, 揉搓成面团。

**4.** 将面团搓成长条状, 再切成数个小剂子, 揉成圆球状。

**5.** 在每个面球上均匀地裹上一层低筋面粉, 再放入铺有高温布的烤盘中。

**6.** 将烤盘放进烤箱, 以上火 170℃、下火 170℃烤 15 分钟至熟。取出烤好的饼干, 装入盘中即可。

# 「猕猴桃小饼干」

烤制时间：15分钟

## 材料 Material

低筋面粉---275 克
黄油--------150 克
糖粉--------100 克
鸡蛋---------- 50 克
抹茶粉-------- 8 克
可可粉-------- 5 克
吉士粉-------- 5 克
黑芝麻------- 适量

## 工具 Tool

刮板，擀面杖，烤箱，保鲜膜，冰箱，高温布

## 做法 Make

1.把低筋面粉倒在案台上，开窝，倒入糖粉，加入鸡蛋、黄油，混合均匀，揉搓成面团。

2.把面团分成三份，取其中一个面团，加入吉士粉，揉搓成条；取另一个面团，加入可可粉，揉搓均匀；将最后一个面团加入抹茶粉，揉搓匀。

3.把抹茶粉面团擀成面皮，放上吉士粉面皮，卷好，再裹上保鲜膜，冷冻两小时至定型。

4.把可可粉面团擀成面皮，放上个冻好的双色面团，裹好，制成三色面团，裹上保鲜膜，冷冻两小时至定型。

5.将三色面团取出，撕去保鲜膜，切成饼坯，放入铺有高温布的烤盘里，在饼坯中心点缀上适量黑芝麻。

6.将烤盘放入烤箱，以上、下火170℃烤15分钟至熟。

# 「花生黄油饼干」

烤制时间：15分钟

看视频学烘焙

**材料 Material**

低筋面粉---100 克

鸡蛋-----------1 个

花生酱------- 35 克

黄油--------- 65 克

糖粉--------- 50 克

**工具 Tool**

刮板，高温布，保鲜膜，叉子，烤箱，冰箱

## 做法 Make

**1.** 在案台上倒入低筋面粉，用刮板开窝。

**2.** 倒入糖粉、鸡蛋，用刮板搅匀。

**3.** 加入黄油、花生酱，刮入低筋面粉，充分混合均匀。

**4.** 将混合物揉搓成纯滑的面团，把面团搓成长条状，包上保鲜膜，放入冰箱冷藏 30 分钟。

**5.** 取出面团去掉保鲜膜，用刮板切成数个大小均匀的剂子。

**6.** 把剂子分别搓成球状，再放入铺有高温布的烤盘中。

**7.** 用叉子在面团上压出花纹，制成生坯。

**8.** 将烤盘放入烤箱，以上火 170℃、下火 170℃烤 15 分钟至熟。

# 「巧克力杏仁饼」

**烤制时间：** 15 分钟

看视频学烘焙

**材料 Material**

黄油--------200 克
杏仁片------ 40 克
低筋面粉---275 克
可可粉------ 25 克
全蛋-----------1 个
蛋黄-----------2 个
糖粉--------150 克

**工具 Tool**

刮板，蛋糕刀，保
鲜膜，烤箱，冰箱

## 做法 Make

**1.** 可可粉混合低筋面粉，倒在案台上开窝。

**2.** 倒入黄油、糖粉，用刮板切碎。

**3.** 加全蛋、蛋黄，刮入混合好的材料。

**4.** 搓成光滑的面团。

**5.** 把杏仁片加到面团里，揉搓均匀。

**6.** 用保鲜膜把面团包裹严实，整理成长条形，放入冰箱冷冻 30 分钟至其变硬。

**7.** 把面团取出，撕去保鲜膜，用刀把面团切成小块，制成生坯，放入烤盘。

**8.** 将烤盘放入预热好的烤箱里，关上箱门，以上火 170℃、下火 130℃烤 15 分钟至熟。

**9.** 打开箱门，取出杏仁饼，装入盘中即可。

# 「 美式巧克力豆饼干 」

**烤制时间:** 20 分钟

看视频学烘焙

## 材料 Material

黄油--------- 120 克

糖粉--------- 90 克

鸡蛋--------- 50 克

低筋面粉--- 170 克

杏仁粉------- 50 克

泡打粉--------- 4 克

巧克力豆--- 100 克

## 工具 Tool

电动搅拌器,长柄
刮板,筛网,高温
布,烤箱,玻璃碗

**做法** Make

**1.** 将黄油、泡打粉、80克糖粉倒入大碗中，用电动搅拌器快速搅拌均匀。

**2.** 加入鸡蛋，搅拌均匀。

**3.** 将低筋面粉、杏仁粉过筛至大碗中，用刮板将材料搅拌匀。

**4.** 制成面团。

**5.** 倒入巧克力豆，拌匀，并搓圆。

**6.** 取一小块面团，搓圆，放在铺有高温布的烤盘上，用手稍稍地压平。

**7.** 将烤盘放入烤箱，以上火 170℃、下火 170℃烤 20 分钟至熟。

**8.** 取出烤盘，将 10 克糖粉筛在饼干上即可。

# 「红糖核桃饼干」

烤制时间：20 分钟

看视频学烘焙

## 材料 Material

低筋面粉---170 克

蛋白--------- 30 克

泡打粉--------4 克

核桃--------- 80 克

黄油--------- 60 克

红糖--------- 50 克

## 工具 Tool

刮板，油纸，烤箱，
盘子

做法 Make

**1.** 将低筋面粉倒于案台上，加入泡打粉，拌匀后开窝。

**2.** 倒入蛋白、红糖，搅拌均匀。

**3.** 倒入黄油，混合均匀。

**4.** 将面粉揉按成形。

**5.** 加入核桃，揉按均匀。

**6.** 取适量面团，按捏成数个饼干生坯。

**7.** 将制好的饼干生坯摆好装入铺有油纸的烤盘中，打开烤箱门，将烤盘放入烤箱中。

**8.** 关上烤箱门，以上火、下火均为 180℃，烤约 20 分钟至熟。

**9.** 取出烤盘，把饼干装入盘中即可。

# 「 小甜饼 」

烤制时间：20 分钟

看视频学烘焙

## 材料 Material

糖粉--------- 80 克
黄油--------- 50 克
盐-------------- 5 克
鸡蛋--------- 80 克
低筋面粉---200 克
泡打粉--------- 5 克
朗姆酒------- 适量

## 工具 Tool

玻璃碗，电动搅拌器，烤箱

## 做法 Make

**1.** 将黄油倒入玻璃碗，用电动搅拌器搅拌至松散。

**2.** 放入糖粉，搅拌均匀。

**3.** 加入鸡蛋，搅拌均匀。

**4.** 倒入盐，继续搅拌均匀。

**5.** 倒入低筋面粉、泡打粉以及朗姆酒，启动电动搅拌器搅拌片刻。

**6.** 用手揉匀，制成面团。

**7.** 依次取适量的面团，将其揉搓成光滑的小圆面团，放入烤盘。

**8.** 将烤盘放入烤箱，上火调至 200℃，下火调至 180℃，烤 20 分钟至熟。

**9.** 从烤箱中取出烤盘，将饼干稍放凉即可。

# 「腰果小酥饼」

烤制时间: 15 分钟

看视频学烘焙

## 材料 Material

黄油--------100 克
糖粉---------- 40 克
低筋面粉---- 60 克
玉米淀粉---- 60 克
腰果碎------- 60 克
糖粉---------- 适量

## 工具 Tool

刮板, 高温布, 筛网, 烤箱, 刀

## 做法 Make

1. 将低筋面粉倒在案台上, 加入玉米淀粉, 用刮板开窝。
2. 倒入一部分糖粉、黄油, 刮入面粉, 混合均匀。
3. 加入腰果碎, 揉搓成面团。
4. 把面团搓成长条状。
5. 用刮板将面团分切成大小均等的小剂子。
6. 把小剂子搓成条, 再弯成"U"形, 制成腰果小酥饼生坯。
7. 在烤盘里铺上高温布, 再将腰果小酥饼生坯放入烤盘。
8. 将烤盘放入预热好的烤箱里。
9. 把烤箱上、下火均调至 170℃, 烤 15 分钟至熟。取出烤好的腰果小酥饼, 再筛上糖粉即可。

看视频学烘焙

# 「希腊可球」

烤制时间：20分钟

## 材料 Material

低筋面粉---100 克
黄油---------- 80 克
糖粉---------- 45 克
盐-------------- 1 克
鸡蛋---------- 20 克
草莓果酱----- 适量

## 工具 Tool

筷子，刮板，裱花袋，剪刀，烤箱，电子秤

## 做法 Make

**1.** 案台上倒入低筋面粉，用刮板开窝。

**2.** 倒入糖粉，加入鸡蛋，拌匀。

**3.** 刮入低筋面粉，用刮板拌匀。

**4.** 倒入黄油，稍稍按压拌匀。

**5.** 加入盐，搅匀。

**6.** 将混合物按压均匀，制成面团。

**7.** 将面团等分成 15 克一个的小球，稍搓圆放入烤盘。

**8.** 用筷子蘸少量面粉，在面团顶部戳一个适度的小孔。

**9.** 将草莓果酱装入裱花袋中，用剪刀将裱花袋尖端剪开一小口。

**10.** 将草莓果酱挤入戳好的小孔里。

**11.** 将烤盘放入预热好的烤箱中，以上、下火 180℃烤 20 分钟至熟。

**12.** 取出烤盘，将烤好的希腊可球装盘即可。

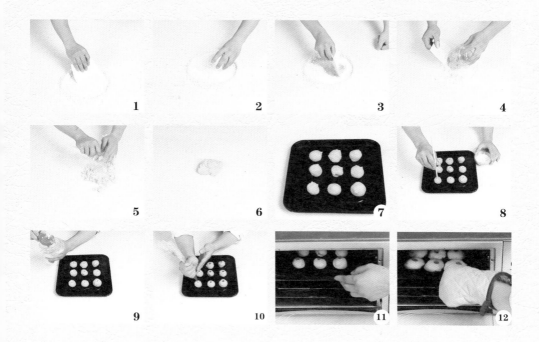

1　　　　2　　　　3　　　　4

5　　　　6　　　　7　　　　8

9　　　　10　　　　11　　　　12

看视频学烘焙

# 「水果大饼」

**烤制时间：**25分钟

## 材料 Material

鸡蛋------------1 个

细砂糖------- 60 克

色拉油---- 60 毫升

低筋面粉---180 克

泡打粉----------1 克

小苏打----------1 克

吉士粉----------6 克

蔓越莓果肉馅适量

## 工具 Tool

玻璃碗，电动搅拌器，刮板，圆形模具，擀面杖，烤箱

## 做法 Make

**1.** 将鸡蛋倒入玻璃碗中，加入细砂糖，用电动搅拌器快速搅匀。

**2.** 加入色拉油，搅拌成纯滑的鸡蛋浆，待用。

**3.** 将低筋面粉倒在案台上，加入吉士粉、泡打粉、小苏打，用刮板开窝。

**4.** 倒入鸡蛋浆，刮入面粉，混合均匀。

**5.** 把材料揉搓成光滑的面团。

**6.** 把面团压扁，用擀面杖擀成面皮。

**7.** 用圆形模具在面皮上压出 6 个饼坯。

**8.** 去掉边角料，在其中 3 个饼坯上放入适量蔓越莓果肉馅。

**9.** 盖上 1 个饼坯，制成 3 个水果大饼生坯。

**10.** 将生坯放入烤盘，把烤盘放入预热好的烤箱里。

**11.** 把烤箱上、下火均调至 170℃，烤 25 分钟至熟。

**12.** 打开箱门，取出烤好的水果大饼。

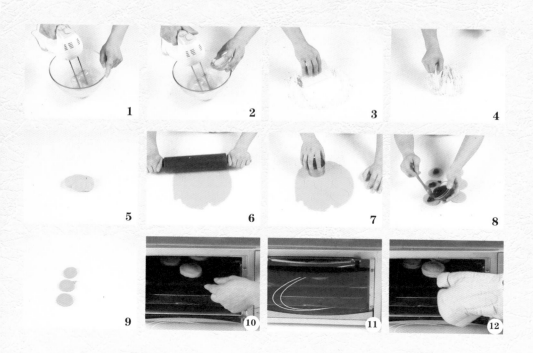

# 「黑芝麻咸香饼」

烤制时间：15 分钟

看视频学烘焙

## 材料 Material

低筋面粉---150 克

黄油--------300 克

鸡蛋-----------1 个

牛奶------- 20 毫升

白糖--------- 20 克

熟黑芝麻---- 20 克

泡打粉--------- 3 克

盐-------------- 3 克

## 工具 Tool

刮板，模具，擀面
杖，高温布，烤箱

## 做法 Make

1. 将低筋面粉倒在案台上，用刮板开窝。

2. 放入熟黑芝麻，倒入牛奶、盐、白糖、泡打粉、鸡蛋，搅匀。

3. 加入黄油，揉搓成纯滑的面团，静置 10 分钟，备用。

4. 在案台上撒少许低筋面粉，用擀面杖把面团擀成面皮。

5. 用模具在面皮上压出数个饼坯。

6. 将饼坯分好，放入铺有高温布的烤盘。

7. 将烤盘放入烤箱，上、下火调至 170℃，烤 15 分钟至熟。
取出烤盘，将烤好的饼干取出装盘即成。

# 「全麦核桃酥饼」

烤制时间：15 分钟

看视频学烘焙

## 材料 Material

全麦粉------125 克

糖粉---------- 75 克

鸡蛋----------1 个

核桃碎------- 适量

黄油--------100 克

泡打粉--------5 克

## 工具 Tool

刮板，烤箱

## 做法 Make

**1.** 将全麦粉倒在案台上，用刮板开窝。

**2.** 倒入糖粉、鸡蛋，搅散。

**3.** 放入黄油、泡打粉、核桃碎，混合均匀，揉搓成面团。

**4.** 把面团搓成长条。

**5.** 用刮板将面团切成小剂子，揉搓成饼坯。

**6.** 将饼坯放入烤盘，将烤盘放入预热好的烤箱。

**7.** 烤温调至上火 160℃、下火 180℃，烤 15 分钟至熟，取出即可。

# 「花生脆果子」

烤制时间：15 分钟

看视频学烘焙

## 材料 Material

玉米淀粉---- 50 克
花生米-------- 适量
低筋面粉---- 45 克
细砂糖------- 20 克
鸡蛋-----------1 个
熔化的黄油--- 8 克

## 工具 Tool

玻璃碗，刮板，保鲜膜，烤箱，冰箱

## 做法 Make

**1.** 把低筋面粉倒入装有玉米淀粉的玻璃碗中，混合均匀。

**2.** 将混合好的材料倒在案台上，用刮板开窝。

**3.** 倒入细砂糖、鸡蛋、熔化的黄油，搅匀。

**4.** 将材料混合均匀，揉搓成纯滑的面团。

**5.** 用保鲜膜包好面团，放入冰箱冷藏 15 分钟。

**6.** 从冰箱中取出面团，撕去保鲜膜，用刮板将面团切成小块。

**7.** 将小面团捏平，放入花生米，包好，揉成圆球，制成花生脆果子生坯。

**8.** 将花生脆果子生坯放入烤盘。

**9.** 把烤盘放入烤箱，上、下火均调至180℃，烤15分钟至熟，取出即可。

# 「芝士脆果子」

**烤制时间:** 20 分钟

看视频学烘焙

## 材料 Material

可可粉--------- 5 克
芝士粒------- 25 克
盐-------------- 1 克
玉米淀粉---- 50 克
鸡蛋----------- 1 个
低筋面粉---- 45 克
细砂糖------- 10 克
熔化的黄油--- 8 克

## 工具 Tool

刮板，保鲜膜，烤
箱，冰箱

## 做法 Make

1. 把玉米淀粉、低筋面粉、可可粉倒在案台上，用刮板开窝。
2. 倒入细砂糖、盐、鸡蛋，搅拌，混合均匀。
3. 倒入熔化的黄油，按压均匀，揉搓成纯滑的面团。
4. 用保鲜膜包好面团，放入冰箱冷藏 15 分钟。
5. 从冰箱中取出面团，撕去保鲜膜，用刮板将面团分成小块。
6. 用手将小面团捏平，放入芝士粒，包好，搓成圆球，制成芝士脆果子生坯，放入烤盘。
7. 把烤盘放入烤箱，上、下火均调至170℃，烤20分钟至熟。
8. 取出烤盘，将烤好的芝士脆果子装盘即可。

# 「酥脆花生饼干」

烤制时间：20 分钟

看视频学烘焙

## 材料 Material

低筋面粉---160 克
鸡蛋------------1 个
苏打粉---------5 克
黄油---------100 克
花生酱------100 克
细砂糖------ 80 克
花生碎-------- 适量

## 工具 Tool

刮板, 烤箱, 高温布

## 做法 Make

1. 往案台上倒入低筋面粉、苏打粉，用刮板拌匀，开窝。
2. 加入鸡蛋、细砂糖，稍稍拌匀，放入黄油、花生酱，刮入面粉，混合均匀。
3. 将混合物搓揉成一个纯滑面团。
4. 逐一取适量面团，揉圆制成生坯，将生坯均匀沾上花生碎，再放入垫有高温布的烤盘上，用手逐个按压一下成圆饼状。
5. 将烤盘放入烤箱中，以上火 160 ℃、下火 160℃烤 15 分钟至熟。
6. 待时间到，取出烤好的饼干即可。

# 「椰子曲奇」

**烤制时间：** 15~20 分钟

## 材料 Material

黄油---------- 60 克
细砂糖------- 50 克
椰子汁---- 40 毫升
香草油-------- 少许
低筋面粉---140 克
泡打粉-------- 3 克
盐------------- 少许
干椰子仁---- 40 克

## 工具 Tool

搅拌器，筛网，叉子，饭勺子，烤箱

## 做法 Make

**1.** 准备好罐装椰子汁。

**2.** 用搅拌器打散黄油，加入细砂糖，搅拌均匀。

**3.** 搅拌至黄油的颜色变成灰色的时候，倒入备好的椰子汁，继续搅拌均匀。

**4.** 接着滴入香草油，加入过筛后的低筋面粉，再加入泡打粉、盐、干椰子仁，搅拌均匀，制成面团。

**5.** 将拌好的面团分成大小适当的小面团，再用手把它们滚成鸟蛋的样子，放入烤盘，在烤之前用叉子按压一下，制成曲奇生坯。

**6.** 将烤盘放入预热到180℃的烤箱中烘烤 15 ～ 20 分钟。若是以鸟蛋模样烤，在烤到 10 分钟的时候，用饭勺把饼干压一下，再接着烤即可。

# 「玛格丽特小饼干」

**烤制时间：** 20分钟

看视频学烘焙

## 材料 Material

低筋面粉---100 克
玉米淀粉---100 克
黄油---------100 克
糖粉----------80 克
盐--------------2 克
熟蛋黄-------30 克

## 工具 Tool

刮板，烤箱，高温布，盘子

**做法 Make**

1. 将低筋面粉和玉米淀粉倒在案板上，用刮板搅拌均匀。

2. 在面粉中间开窝，倒入糖粉、黄油、盐、熟蛋黄。

3. 一边翻动一边按压，揉至面团均匀平滑。

4. 将揉好的面团搓成长条，用刮板切成大小一致的小段。

5. 将切好的小段揉圆，逐一放入备好的烤盘上。

6. 用拇指压在面团上，压出自然裂纹，制成饼坯，将剩余的面团依次用此法制成饼坯。

7. 将烤盘放入预热好的烤箱内。

8. 将烤箱温度调为上火170℃、下火160℃，时间设定为20分钟，烤制成形。

9. 取出烤盘，待饼干稍凉后装盘即可。

# 「清爽柠檬饼干」

**烤制时间：** 15 分钟

看视频学烘焙

## 材料 Material

低筋面粉---200 克

黄油---------130 克

糖粉---------100 克

盐--------------5 克

柠檬皮碎---- 10 克

柠檬汁---- 20 毫升

## 工具 Tool

刮板，烘焙纸，烤箱

**做法** Make

**1.** 往案板上倒入低筋面粉和盐,用刮板拌匀,开窝。

**2.** 倒入糖粉、黄油,拌匀。

**3.** 加入柠檬皮碎和柠檬汁,刮入低筋面粉,混合均匀。

**4.** 将混合物搓揉成纯滑面团。

**5.** 逐一取适量面团,稍微揉圆。

**6.** 将揉好的小面团放入垫有烘焙纸的烤盘上,按压一下,制成圆饼生坯,将剩余的面团依次制成饼坯。

**7.** 将烤盘放入烤箱中,以上火160 ℃、下火160 ℃的温度烤15分钟至熟。

**8.** 取出烤盘,将烤好的饼干装盘即可。

# 「巧克力奇普饼干」

**烤制时间：** 15 分钟

看视频学烘焙

## 材料 Material

低筋面粉---100 克　核桃碎------- 20 克
黄油--------- 60 克　巧克力豆---- 50 克
红糖--------- 30 克　小苏打-------- 4 克
细砂糖------ 20 克　盐------------- 2 克
蛋黄--------- 20 克　香草粉-------- 2 克

## 工具 Tool

玻璃碗，电动搅拌器，烤箱，高温布

**做法 Make**

**1.** 取一个玻璃碗，倒入黄油、细砂糖，用电动搅拌器略微搅几下，再加入蛋黄拌匀。

**2.** 加入红糖、小苏打、盐、香草粉，充分搅拌均匀。

**3.** 加入低筋面粉，搅拌均匀，再加入核桃碎、巧克力豆，继续搅拌片刻。

**4.** 手上蘸干粉，取适量面团，搓圆。

**5.** 将搓好的面团放入铺有高温布的烤盘，轻轻按压，制成饼状。

**6.** 将剩余的面团依次制成大小一致的饼坯。

**7.** 将烤盘放入预热好的烤箱内，关好烤箱门。

**8.** 将上、下火均调为160℃,时间定为15分钟，烤至饼干松脆。

**9.** 待15分钟后，将烤盘取出，将饼干装盘即可。

**Part 6**

# 充满想象的
# 创意造型饼干

许多人把烘焙当作艺术创作，任何有关造型的想法都可以在这里实现，突破传统饼干制作的局限，只要你想得到，就可以做出任何你想要的饼干。

看视频学烘焙

# 「摩卡双色饼干」

烤制时间：20 分钟

## 材料 Material

原味面团：

低筋面粉---110 克

高筋面粉---100 克

黄油--------100 克

鸡蛋---------- 40 克

细砂糖------100 克

巧克力面团：

低筋面粉---110 克

高筋面粉---100 克

黄油--------110 克

鸡蛋---------- 40 克

细砂糖------100 克

可可粉------ 15 克

熔化的巧克力-10 克

## 工具 Tool

烘焙纸，刮板，
玻璃碗，烤箱，
冰箱，刀

## 做法 Make

**1.** 烤箱通电后，将上火温度调至 180℃，下火温度调至 150℃进行预热。

**2.** 把 100 克黄油和 100 克细砂糖倒入备好的玻璃碗中，充分搅拌均匀。

**3.** 倒入 40 克鸡蛋搅拌，接着加入 110 克低筋面粉继续混合均匀。

**4.** 加入 100 克高筋面粉，将材料充分拌匀，制成原味面团。

**5.** 另取碗，倒入 110 克黄油、40 克细砂糖充分搅拌后，加入熔化好的巧克力进行搅拌。

**6.** 倒入 110 克低筋面粉、100 克高筋面粉充分拌匀，再加入可可粉充分拌匀成巧克力面糊待用。

**7.** 案台上撒适量面粉，取出原味面团、巧克力面团，分别搓成若干个长条形。

**8.** 将两种颜色的长条面团交错堆叠在一起，用刮板修整齐，做成长方体状。

**9.** 面团用刀切断，摆放在盘中，放入冰箱中冷冻 1 个小时，直到面饼变硬。

**10.** 取出冷冻好的面团，用刀将其切成厚度相当的面饼，摆放在铺有烘焙纸的烤盘。

**11.** 将烤盘放进预热好的烤箱中，上下火保持不变，烘烤 20 分钟。

**12.** 时间到后取出，摆盘即可。

# 「纽扣饼干」

**烤制时间：** 15 分钟

看视频学烘焙

**材料** Material

低筋面粉---120 克
盐--------------1 克
细砂糖-------40 克
黄油----------65 克
牛奶-------35 毫升
香草粉---------3 克

**工具 Tool**

刮板，竹签，模具，
擀面杖，烤箱

## 做法 Make

**1.** 将低筋面粉倒在案板上，撒上盐，倒入香草粉，用刮板开窝。

**2.** 倒入细砂糖，注入牛奶，放入黄油。

**3.** 慢慢搅拌片刻至材料完全融合在一起，再揉成面团。

**4.** 用擀面杖把揉好的面团擀薄，制成约 0.3 厘米厚的面皮。

**5.** 取备好的模具在面板上压出饼干的形状，再用竹签点上数个小孔。

**6.** 制成数个纽扣饼干生坯，装在烤盘中，摆整齐，待用。

**7.** 烤箱预热后放入烤盘，关好烤箱门，以上、下火均为 160℃的温度烤约 15 分钟至熟。

**8.** 断电后取出烤盘，将烤熟的饼干装在盘中即可。

看视频学烘焙

# 「黄金芝士苏打饼干」

**烤制时间：** 15 分钟

## 材料 Material

油皮部分：

低筋面粉---200 克

纯净水---100 毫升

色拉油---- 40 毫升

酵母-----------3 克

小苏打--------2 克

芝士--------- 10 克

面粉---------- 少许

油心部分：

低筋面粉---- 60 克

色拉油---- 22 毫升

## 工具 Tool

刮板，烤箱，擀面
杖，饼干模具，高
温布

## 做法 Make

**油皮部分的做法：**

**1.** 往案板上倒入低筋面粉、酵母、小苏打，用刮板拌匀，开窝。

**2.** 加入色拉油、纯净水、芝士，稍稍拌匀。

**3.** 刮入低筋面粉，混合均匀，将混合物搓揉成纯滑面团，待用。

**油心部分的做法：**

**4.** 往案板上倒入低筋面粉，用刮板开窝，加入色拉油。

**5.** 刮入面粉，将其搓揉成纯滑面团，待用。

**剩余部分的做法：**

**6.** 往案板上撒少许面粉，放上油皮面团，用擀面杖将其均匀擀薄至呈面饼状。

**7.** 将油心面团用手按压一下，放在油皮面饼一端。

**8.** 将面饼另一端盖住油心面团，并用手压紧面饼四周。

**9.** 用擀面杖将裹有面团的油心面皮擀薄。

**10.** 将擀薄的饼坯两端往中间对折，再用擀面杖擀薄。

**11.** 用饼干模具按压饼坯，取出数个饼干生坯，装入铺有一块高温布的烤盘内。

**12.** 将烤盘放入烤箱中，以上、下火 160℃ 烤 15 分钟至熟，将饼干取出装盘即可。

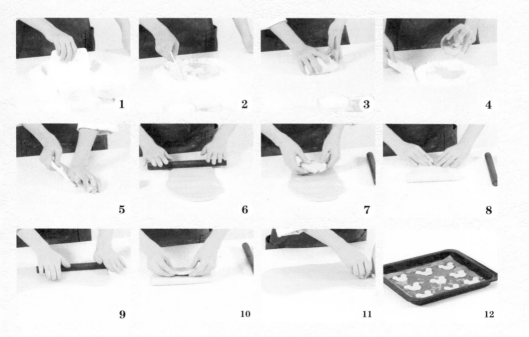

# 「迷你巧克力派曲奇」

**烤制时间：20~25 分钟**

## 材料 Material

低筋面粉---200 克
黄油--------110 克
盐-------------3 克
细砂糖---------3 克
泡打粉---------2 克
冷水------- 10 毫升
巧克力------- 适量
蛋液---------- 适量

## 工具 Tool

迷你曲奇压模，保鲜膜，擀面杖，叉子，刷子，刮板，烤箱，筛网，冰箱

## 做法 Make

**1.** 往过了筛的低筋面粉、盐、泡打粉、细砂糖中，加入黄油，用刮板边切开黄油边搅拌均匀。

**2.** 把冷水倒入和好的面粉里，拌匀，制成面团，用保鲜膜包好，放到冷藏室里冰冻 1 小时。

**3.** 从冷藏室里取出面团，撕开保鲜膜，重叠折起来后，用擀面杖擀开，如此操作重复 3 ～ 4 次；把面团擀成面皮，按一定的间距放上巧克力。

**4.** 将面皮的一端与没有放巧克力的另一面对折，用曲奇压模以巧克力为中心按压出形状，边缘部分用叉子扎出花纹，再刷上蛋液，放到预热至 200℃的烤箱里，烘烤 20 ～ 25 分钟即可。

# 「芝麻曲奇球」

烤制时间：20~25 分钟

## 材料 Material

黄油---------- 70 克
低筋面粉---100 克
玉米淀粉---- 10 克
杏仁粉------- 15 克
细砂糖------- 40 克
蛋黄---------- 15 克
泡打粉-------- 2 克
黑芝麻------- 17 克
白芝麻------- 17 克
黑芝麻------- 适量
白芝麻------- 适量
香草油------- 少许

## 工具 Tool

电动搅拌器，勺子，筛网，刷子，烤箱

## 做法 Make

**1.** 黄油用电动搅拌器打散，加入细砂糖，拌匀。

**2.** 加入蛋黄，搅拌均匀。

**3.** 把加了细砂糖和蛋黄的黄油搅拌到变软滑，滴入几滴香草油，搅拌均匀。

**4.** 加入过筛后的低筋面粉、泡打粉、玉米淀粉、杏仁粉中，并倒入磨好的黑芝麻17克、白芝麻17克，用勺子搅拌均匀，用手揉搓成团。

**5.** 把面团分成 15 ～ 17 个能一口吃掉的大小的面块，再做成像鸟蛋一样圆圆的样子，放入烤盘。

**6.** 面团的表面分别均匀地沾黑芝麻、白芝麻，放入预热到180℃的烤箱中，烘烤 20 ～ 25 分钟。

# 「 圣诞树饼干 」 烤制时间：15 分钟

## 材料 Material

低筋面粉---120 克
泡打粉---------- 4 克
黄油---------- 40 克
红糖---------- 15 克
蜂蜜---------- 15 克
蛋黄---------- 15 克
糖粉--------130 克
蛋白---------- 20 克
绿色食用色素适量
红色食用色素适量
糖珠---------- 适量
温水---------- 适量

## 工具 Tool

电动搅拌器，擀面杖，饼模，裱花袋，烤箱，剪刀

## 做法 Make

**1.** 将黄油、蛋黄、蜂蜜、低筋面粉、泡打粉用电动搅拌器打发成面糊。

**2.** 红糖加温水拌匀，倒入面糊中，揉成团。

**3.** 用擀面杖将面团擀成面皮，放上饼模，按压，制成饼干生坯，放入烤盘。

**4.** 入烤箱，以上、下火 170℃烤 15 分钟。

**5.** 将蛋白、糖粉拌成霜糖，分成两部分，分别加入红、绿色素拌匀，并分别装入裱花袋，用剪刀剪出小口。将绿色霜糖填充整个饼干，在上面用红色霜糖画花纹，再撒上糖珠即可。

# 「奶酪饼干」

烤制时间：10 分钟

**材料 Material**

低筋面粉---135 克
鸡蛋-----------1 个
奶酪--------- 90 克
软化的黄油----70 克
糖粉--------- 20 克
百里香------- 适量

**工具 Tool**

电动搅拌器, 筛网,
长柄刮板, 心形模
具, 烤箱, 小酥棍,
玻璃碗

**做法 Make**

**1.** 将软化的黄油倒入玻璃碗中，加入糖粉，用电动搅拌器
快速打到发白。

**2.** 加入鸡蛋，继续打至八分发。

**3.** 用筛网将低筋面粉过筛至玻璃碗中，打发均匀。

**4.** 加入奶酪、百里香，打发均匀，制成面糊；用长柄刮板
将面糊刮到操作台上，揉成团。

**5.** 用小酥棍将面团擀成片状，放上心形模具，按压出心形状，
制成饼干生坯，并放入烤盘。

**6.** 入烤箱，温度调成上、下火 180℃，烤 10 分钟，取出放
凉即可食用。

# 「心心相印」

烤制时间：10 分钟

## 材料 Material

红梅果酱---- 10 克
糖粉--------- 75 克
低筋面粉---225 克
黄油--------150 克
鸡蛋-----------1 个
巧克力--------- 5 克

## 工具 Tool

擀面杖，电动搅拌器，刮板，大桃心模具、小桃心模具，烤箱，小酥棍

## 做法 Make

**1.** 用电动搅拌器将黄油、糖粉、鸡蛋、低筋面粉打发均匀，再倒入操作台，揉成团，再搓成条，并用刮板切开。

**2.** 取一半面团加入巧克力和匀，用小酥棍擀薄，另一半面团也擀薄。

**3.** 用大的桃心模具在原色面皮上按压成心形；加入巧克力的面皮也同样按压成心形，再用小的模具从中间按压成小桃心；然后将两块面皮叠放一起，入烤盘。

**4.** 入烤箱，以 170℃烤 10 分钟取出，在桃心中间挤上红梅果酱即可。

# 「卡通苏打饼」

**烤制时间：** 15 分钟

看视频学烘焙

## 材料 Material

酵母-----------5 克

温水------- 90 毫升

低筋面粉---150 克

黄油--------- 50 克

鸡蛋--------- 40 克

奶粉--------- 10 克

食粉-----------1 克

## 工具 Tool

刮板，模具，烤箱，擀面杖

## 做法 Make

**1.** 低筋面粉内加入酵母、奶粉、食粉，混合均匀。

**2.** 在粉内开窝，加入温水、鸡蛋，混合匀揉至成面团。

**3.** 放入黄油，充分混合匀。

**4.** 用擀面杖将面团擀薄。

**5.** 用模具压出卡通形状的面皮，放入烤盘。

**6.** 将烤盘放入预热的烤箱， 以上、下火 190℃烤 15 分钟即可。

# 「果酱花饼」

**烤制时间：** 15 分钟

### 材料 Material

酵母------------5 克

温水------- 90 毫升

盐--------------3 克

低筋面粉---150 克

小苏打--------1 克

黄油--------- 50 克

鸡蛋--------- 40 克

奶粉--------- 10 克

食粉---------- 适量

草莓果酱----- 适量

### 工具 Tool

刮板，模具，烤箱，
擀面杖，叉子

### 做法 Make

**1.** 低筋面粉内加入酵母、奶粉、食粉、小苏打、盐，混合均匀。

**2.** 在粉内开窝，加入温水、鸡蛋，混合匀揉至成面团，放入黄油，混合匀。

**3.** 用擀面杖将面皮擀薄，用模具压出花形面皮。

**4.** 去除多余的面皮，将花形面皮放入烤盘。

**5.** 用叉子在面皮上打上小洞，在花心内装饰上草莓果酱。

**6.** 烤盘放入预热好的烤箱内，上火调为 200℃，下火调为 190℃，烤 15 分钟。

# 「可可饼干」

**烤制时间：15分钟**

## 材料 Material

黄油--------100 克
可可粉------ 15 克
糖粉----------65 克
低筋面粉---165 克
盐--------------3 克
白巧克力----- 适量

## 工具 Tool

搅拌棒，电动搅拌器，烤箱，玻璃碗

## 做法 Make

**1.** 低筋面粉与可可粉混合均匀，待用。黄油倒入碗中，打散。

**2.** 加入糖粉，用电动搅拌器打至发白，分次加入粉类，充分搅拌均匀，再加入盐，拌匀。

**3.** 取适量面团逐一搓圆放入烤盘中压扁。

**4.** 烤盘放入预热好的烤箱内，以上、下火180℃，烤15分钟。

**5.** 待时间到取出放凉片刻，蘸上白巧克力，放置凝固即可。

# 「巧克力夹心脆」

烤制时间：15分钟

## 材料 Material

低筋面粉---- 60 克
蛋白--------- 40 克
糖粉--------- 50 克
黄油--------- 50 克
可可粉------- 10 克
巧克力酱----- 适量

## 工具 Tool

裱花袋，电动搅拌器，搅拌器，烤箱，玻璃碗

## 做法 Make

**1.** 低筋面粉与可可粉混合均匀，待用。黄油倒入碗中，加入糖粉，打发至乳白色。

**2.** 加入蛋白，拌匀，加入面粉混合物，混合匀，装入裱花袋，逐一挤入烤盘。

**3.** 将烤盘放入预热好的烤箱内，上火调为 150℃，下火调为 120℃，烤 15 分钟后取出。

**4.** 将烤好的饼干取出放凉，取一块内部挤上适量的巧克力酱，再取一块盖上，夹好，依此完成剩余的饼干即可。

# 「 夹心饼干 」

烤制时间：20 分钟

## 材料 Material

白砂糖------ 60 克
黄油--------- 50 克
低筋面粉---200 克
盐-------------2 克
巧克力酱----- 适量
糖粉--------- 65 克

## 工具 Tool

裱花袋，电动搅拌器，烤箱，刮板，玻璃碗

## 做法 Make

**1.** 白砂糖、糖粉、黄油倒入碗中，打发至泛白，加入盐，搅拌匀。

**2.** 分次加入低筋面粉，充分揉匀成团，再将面团分成数个大小均等的剂子。

**3.** 把巧克力酱装入裱花袋中，备用。将剂子捏成碗状，挤入巧克力酱，包住，搓成小圆饼状，放入烤盘。

**4.** 将烤盘放入预热好的烤箱，以上、下火 165℃烤 20 分钟。

# 「双色巧克力耳朵饼干」

看视频学烘焙

**材料** Material

糖粉---------- 65 克
低筋面粉---200 克
黄油--------130 克
可可粉--------8 克

**工具** Tool

刮板，筛网，擀面
杖，保鲜膜，刀，
烤箱，冰箱

做法 Make

**1.** 把黄油、糖粉倒在案台上，混匀，筛入低筋面粉拌匀按压，揉成面团。

**2.** 撒入少许低筋面粉，揉搓成长条。

**3.** 用刮板将长条面团对半切开，取一半与可可粉混合均匀，揉搓成长条。

**4.** 案台上撒些低筋面粉，将巧克力面团擀成面皮。

**5.** 将另一面团擀平，放上巧克力面皮，修齐。

**6.** 将面皮卷成卷，揉搓成长条状，切去两端不平整的部分，再对半切开。

**7.** 材料用保鲜膜包好，入冰箱冷冻 30 分钟。

**8.** 取出材料，切成 0.5 厘米厚的小剂子，放入烤盘。

**9.** 将烤盘放入烤箱，以上、下火 180℃烤熟即可。

看视频学烘焙

# 「 娃娃饼干 」

烤制时间：15分钟

## 材料 Material

低筋面粉---110 克
黄油---------- 50 克
鸡蛋---------- 25 克
糖粉---------- 40 克
盐-------------- 2 克
黑巧克力液130 毫升

## 工具 Tool

刮板，圆形模具，竹扦，擀面杖，高温布，烤箱

## 做法 Make

**1.** 把低筋面粉倒在案台上，再用刮板开窝。

**2.** 倒入糖粉、盐，加入鸡蛋，搅匀。

**3.** 放入黄油，将材料混合均匀，揉搓成纯滑的面团。

**4.** 用擀面杖把面团擀成约 0.5 厘米厚的面皮。

**5.** 用圆形模具在面皮上压出数个饼坯。

**6.** 在烤盘铺一层高温布，放入饼坯。

**7.** 将烤盘放入烤箱，上、下火均调至 170℃，烤 15 分钟至熟。

**8.** 从烤箱里取出烤好的饼干。

**9.** 将饼干稍稍放凉。

**10.** 将饼干的一部分浸入黑巧克力液中, 弄出头发的造型。

**11.** 用竹扦蘸上黑巧克力液，在饼干上画出眼睛、鼻子和嘴巴，制成娃娃饼干。

**12.** 把娃娃饼干装入盘中即成。

# 「巧克力脆棒」

烤制时间：18 分钟

看视频学烘焙

## 材料 Material

黄油---------- 75 克
细砂糖------- 50 克
鸡蛋----------- 1 个
低筋面粉--- 110 克
可可粉------- 10 克
泡打粉-------- 1 克
巧克力豆---- 25 克

## 工具 Tool

玻璃碗, 长柄刮板,
刮板, 砧板, 烤箱,
冰箱, 刀, 烘焙纸

## 做法 Make

**1.** 用长柄刮板将软化后的黄油刮入玻璃碗中，然后加入细砂糖拌匀。

**2.** 将鸡蛋加入黄油中，搅拌好至呈乳膏状，再加入低筋面粉。

**3.** 将面糊翻拌均匀后加入可可粉拌匀，接着再倒入泡打粉进行搅拌。

**4.** 加入巧克力豆拌匀，制成面团。

**5.** 将面团揉成长条，放在砧板上，然后用刮板按压成长方块。

**6.** 将制好的长方块面团入冰箱冷冻约 20 分钟。

**7.** 取出变硬的面团，切成厚片状，排放在垫有烘焙纸的烤盘上，中间预留空隙。

**8.** 将烤盘放入预热好的烤箱中以上火 180℃、下火 160℃烘烤约 18 分钟。

# 「卡雷特饼干」

烤制时间：20 分钟

看视频学烘焙

### 材料 Material

黄油---------- 75 克

糖粉---------- 40 克

蛋黄----------- 2 个

低筋面粉---- 95 克

泡打粉-------- 4 克

柠檬皮末----- 适量

### 工具 Tool

刮板，叉子，刷子，
模具，烤箱

**做法 Make**

**1.** 将低筋面粉倒在案台上，开窝。

**2.** 倒入泡打粉，刮向粉窝四周。

**3.** 加入糖粉、1 个蛋黄，用刮板搅散，再加入黄油混合均匀，揉搓成面团。

**4.** 把柠檬皮末倒在面团上，揉搓均匀。

**5.** 将面团搓成长条，切成数个小剂子。

**6.** 取模具，放入小剂子压实，制成生坯。

**7.** 在生坯上刷一层蛋黄，用叉子在生坯上划上数道条纹。

**8.** 生坯放入预热好的烤箱里，关上箱门，以上火180℃、下火150℃烤20分钟至熟。

**9.** 打开箱门，取出饼干，脱模后装入盘中即可。

# 「四色棋格饼干」

烤制时间：15 分钟

## 材料 Material

香草面团：

低筋面粉---150 克

黄油--------- 80 克

糖粉--------- 60 克

蛋清--------- 25 克

香草粒--------- 2 克

巧克力面团：

低筋面粉---- 78 克

可可粉------ 12 克

黄油--------- 48 克

糖粉--------- 36 克

鸡蛋--------- 15 克

红曲面团：

低筋面粉---- 78 克

红曲粉------ 12 克

黄油--------- 48 克

糖粉--------- 36 克

鸡蛋--------- 15 克

抹茶面团：

低筋面粉---- 78 克

抹茶粉------ 12 克

黄油--------- 48 克

糖粉--------- 36 克

鸡蛋--------- 15 克

## 工具 Tool

刮板，刷子，烤箱，刀，保鲜膜，高温布，冰箱

**做法** Make

**1.** 低筋面粉中加香草粒，开窝，倒入糖粉、蛋清，搅匀，倒入黄油，混合均匀后揉成香草面团。

**2.** 低筋面粉中放入可可粉，开窝，倒入糖粉、鸡蛋、黄油，揉成巧克力面团，并用手压成面片。

**3.** 把做好的香草面团压平，刷上一层蛋黄，放上压好的巧克力面团。

**4.** 低筋面粉加红曲粉，开窝，倒入糖粉、鸡蛋、黄油，揉成红曲面团；同样的方式制作抹茶面团。

**5.** 将红曲面团压平，刷上一层蛋黄，盖上压好的抹茶面团，压平。

**6.** 将做好的两种混合面皮用保鲜膜分别裹好，放入冰箱冷冻定型。

**7.** 取出面皮，均切成1.5厘米宽的条状，将切好的四种面皮并在一起，再切成方块，制成饼坯。

**8.** 在烤盘上铺层高温布，放入饼坯，将烤盘放入烤箱，以上、下火160℃烤15分钟至熟，取出即可。

看视频学烘焙

# 「意大利杏仁脆饼」

**烤制时间：15 分钟**

## 材料 Material

面糊：

杏仁粉------100 克

黄油----------70 克

细砂糖--------40 克

全蛋----------50 克

蛋黄----------50 克

低筋面粉----35 克

可可粉--------15 克

盐--------------2 克

杏仁片--------80 克

蛋白霜：

蛋白----------50 克

柠檬汁------1 毫升

细砂糖--------40 克

## 工具 Tool

玻璃碗，电动搅拌器，长柄刮板，模具，烘焙纸，烤箱，蛋糕刀

### 做法 Make

**1.** 将黄油和 40 克细砂糖倒入玻璃碗中搅拌均匀。

**2.** 加入全蛋拌匀，然后倒入蛋黄进行搅拌，再倒入盐进行搅拌。

**3.** 加入低筋面粉搅拌，再加入杏仁粉搅拌。

**4.** 加入可可粉进行搅拌，然后加入大部分杏仁片拌匀后静置待用。

**5.** 把蛋白和 40 克细砂糖倒入另一个玻璃碗中，用电动搅拌器打出一些泡沫，然后加入柠檬汁打出尾端挺立的蛋白霜。

**6.** 把打好的蛋白霜大致分成两半，将一半分量的蛋白霜混入面糊中，用长柄刮板沿着盆边以翻转及切拌的方式拌匀，再将剩下的蛋白霜倒入面糊中混合均匀。

**7.** 将拌好的面糊倒入模具中，然后把剩余的杏仁片均匀撒在面糊上。

**8.** 将面糊放入已经预热好的烤箱中，以上火 180℃、下火 160℃烘烤约 10 分钟。

**9.** 把烤至半干状态的饼干取出，稍微放凉后切成块状。

**10.** 将切好的饼干切面朝上放入铺有烘焙纸的烤盘，饼干之间留些空隙。

**11.** 烤好的饼干再度放入烤箱烘烤 5 分钟至完全干燥即可。

**Part 7**

# 轻薄香脆的
# 薄片饼干

薄片饼干是饼干家族中特殊的一员，因为它们和厚重的其他成员相比，显得很单薄。但是薄片饼干特有的轻薄香脆，又让人赞不绝口，好吃到停不下来。

# 「芝麻薄脆」

烤制时间：10分钟

看视频学烘焙

## 材料 Material

低筋面粉---- 20 克
糖粉--------- 60 克
已熔化的黄油- 25 克
蛋清---------100 克
白芝麻------ 25 克
黑芝麻------ 10 克

## 工具 Tool

筛网，玻璃碗，电
动搅拌器，长柄刮
板，勺子，锡纸，
烤箱，冰箱

做法 Make

**1.** 依次将低筋面粉、糖粉过筛至玻璃碗中。

**2.** 倒入蛋清、已熔化的黄油，用电动搅拌器搅拌均匀。

**3.** 加入白芝麻、黑芝麻，用长柄刮板拌匀，放入冰箱冷藏 30 分钟。

**4.** 用勺子将冷藏过的面糊倒在铺有锡纸的烤盘上，摊平。

**5.** 将烤箱温度调成上火 180℃、下火 140℃，预热烤箱。

**6.** 把烤盘放入预热好的烤箱，烤 10 分钟至熟。

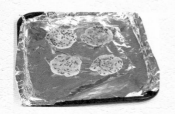

**7.** 从烤箱内取出烤盘，放置片刻至凉即可食用。

# 「 南瓜籽薄片 」

烤制时间：8 分钟

看视频学烘焙

## 材料 Material

低筋面粉---- 35 克
南瓜籽------ 30 克
鸡蛋----------1 个
白糖--------- 30 克
色拉油---- 10 毫升

## 工具 Tool

搅拌器，玻璃碗，
勺子, 高温布, 烤箱

## 做法 Make

**1.** 取一个玻璃碗，倒入低筋面粉、色拉油、鸡蛋、白糖，用搅拌器搅匀。

**2.** 加入南瓜籽，搅拌均匀，制成浆汁。

**3.** 用勺子舀上适量浆汁，倒在铺有高温布的烤盘中，制成数个薄片生坯。

**4.** 将烤盘放入烤箱，上、下火均调至 170℃，烤 8 分钟至熟。

**5.** 取出烤好的南瓜籽薄片，装入盘中即可。

# 「芝麻瓦片」

**烤制时间：** 15 分钟

## 材料 Material

蛋白---------- 60 克
白砂糖------ 100 克
黄油---------- 25 克
低筋面粉---- 60 克
芝麻---------- 适量

## 工具 Tool

搅拌器, 长柄刮板,
锡纸, 烤箱, 冰箱,
玻璃碗

## 做法 Make

**1.** 蛋白、白砂糖倒入碗中, 搅拌匀, 加入低筋面粉, 充分搅拌匀制成面浆。

**2.** 黄油隔水加热至完全熔化, 倒入面浆内, 搅拌匀。

**3.** 加入备好的芝麻, 搅拌均匀。将制好的面浆放入冰箱冷藏半小时后取出。

**4.** 烤盘内铺上锡纸, 手上蘸水取适量面浆放在锡纸上, 压成薄片。

**5.** 烤盘放入预热好的烤箱内, 上火调为 135 ℃, 下火调为 140℃, 烤 15 分钟即可。

# 「蛋白薄脆饼」

烤制时间：15 分钟

看视频学烘焙

## 材料 Material

低筋面粉---200 克
黄油--------125 克
糖粉--------200 克
蛋白--------150 克

## 工具 Tool

玻璃碗, 长柄刮板,
电动搅拌器, 烤箱,
裱花袋, 剪刀, 高
温布

**做法 Make**

**1.** 取一玻璃碗，倒入糖粉、黄油，用电动搅拌器打发至材料呈乳白色。

**2.** 分两次加入蛋白搅拌均匀。

**3.** 倒入低筋面粉，稍搅拌一下。

**4.** 开动搅拌器搅拌均匀至淡白色。

**5.** 用长柄刮板将拌好的浆料填入裱花袋里，用剪刀在裱花袋尖端剪一个大小适中的孔。

**6.** 烤盘中垫上一块高温布，挤上多个大小均等的饼坯。

**7.** 将烤盘放入烤箱中，以上火 180 ℃、下火 180℃的温度烤 15 分钟至熟。

**8.** 取出烤盘，将烤好的饼干装盘即可。

# 「亚麻籽瓦片脆」

烤制时间：15~20 分钟

看视频学烘焙

## 材料 Material

低筋面粉---- 25 克

黄油---------- 10 克

糖粉---------- 25 克

鸡蛋---------- 50 克

亚麻籽------ 60 克

盐------------ 适量

## 工具 Tool

烤箱，长柄刮板，手动搅拌器，裱花袋，玻璃碗，裱花嘴，烘焙纸

### 做法 Make

**1.** 烤箱通电后，将上火温度调至 180℃，下火温度调至 150℃进行预热。

**2.** 备好一个玻璃碗，将鸡蛋打入碗中，加入盐，用搅拌器把鸡蛋打散。

**3.** 倒入糖粉，继续将材料搅拌均匀。

**4.** 倒入熔化好的黄油，搅拌均匀。

**5.** 加入亚麻籽和低筋面粉，一起搅拌均匀。

**6.** 用长柄刮板把面糊装入裱花袋中，安装上裱花嘴。

**7.** 将面糊挤在铺有烘焙纸的烤盘上。

**8.** 把烤盘放入烤箱，烘烤 15~20 分钟，至饼干表面变成金黄色即可。

# 「 杏仁薄脆 」

**烤制时间：** 15 分钟

看视频学烘焙

## 材料 Material

蛋白--------- 60 克
白砂糖------100 克
黄油--------- 25 克
低筋面粉---- 60 克
杏仁片------- 适量

## 工具 Tool

搅拌器，搅拌棒，
长柄刮板，玻璃碗，
冰箱，烤箱，锡纸

## 做法 Make

**1.** 蛋白、白砂糖倒入碗中，用搅拌棒搅拌匀，加入低筋面粉，充分搅拌均匀。

**2.** 黄油隔水加热至完全熔化，倒入面浆内，用搅拌器搅拌均匀。

**3.** 加入备好的杏仁片，搅拌均匀，将制好的面浆放入冰箱冷藏半小时后取出。

**4.** 烤盘上铺上锡纸，手上蘸水取适量面浆放在锡纸上，压成薄片。

**5.** 烤盘放入预热好的烤箱内，上火 135 ℃，下火 140℃，烤 15 分钟。待时间到，取出烤盘，饼干装入盘子即可。

# 「花生薄脆」

烤制时间：15 分钟

看视频学烘焙

## 材料 Material

蛋白---------- 60 克
白砂糖------100 克
黄油---------- 25 克
低筋面粉---- 60 克
花生碎------- 适量

## 工具 Tool

搅拌器，搅拌棒，
烤箱，锡纸，玻璃碗，
冰箱

## 做法 Make

**1.** 蛋白、白砂糖倒入碗中，搅拌匀，加入低筋面粉，充分搅拌匀。

**2.** 黄油隔水加热至完全熔化，倒入面浆内，搅拌匀。

**3.** 加入备好的花生碎，搅拌均匀，将制好的面浆放入冰箱冷藏半小时后取出。

**4.** 烤盘上铺上锡纸，手上蘸水取适量面浆放在锡纸上，压成薄片。

**5.** 烤盘放入预热好的烤箱内，上火 135 ℃，下火 140℃，烤 15 分钟。待时间到取出烤盘，饼干装入盘子即可。

# 「杏仁瓦片」

**烤制时间：** 10 分钟

看视频学烘焙

## 材料 Material

黄油---------- 40 克

鸡蛋----------- 1 个

低筋面粉---- 50 克

杏仁片------180 克

细砂糖------110 克

蛋白--------100 克

## 工具 Tool

玻璃碗，锅，三角铁板，电动搅拌器，锡纸，烤箱

## 做法 Make

1. 将黄油放入玻璃碗中，放入锅中隔水加热至熔化，待用。
2. 依次将蛋白、鸡蛋、细砂糖倒入另一玻璃碗里，用电动搅拌器拌匀。
3. 加入熔化的黄油，拌匀。
4. 倒入低筋面粉，快速搅拌均匀。
5. 倒入杏仁片，用三角铁板搅拌均匀，静置 3 分钟。
6. 取铺有锡纸的烤盘，倒入 4 份杏仁糊，压平。
7. 将烤箱温度调成上火 170℃、下火 170℃。
8. 烤盘放入预热好的烤箱中，烤约 10 分钟。
9. 取出烤盘，放置片刻至凉即可食用。